农产品中真菌毒素风险评估、检测及生物防控技术

任显凤　龚魁杰　范丽霞　著

中国农业科学技术出版社

图书在版编目(CIP)数据

农产品中真菌毒素风险评估、检测及生物防控技术 / 任显凤，龚魁杰，范丽霞著 . --北京：中国农业科学技术出版社，2025. 7. --ISBN 978-7-5116-7538-5

Ⅰ. S37

中国国家版本馆 CIP 数据核字第 2025SN4857 号

责任编辑 张　羽
责任校对 王　彦
责任印制 姜义伟　王思文

出 版 者 中国农业科学技术出版社
北京市中关村南大街 12 号　　邮编：100081
电　　话 (010) 82109705 (编辑室)　　(010) 82106624 (发行部)
(010) 82109709 (读者服务部)
网　　址 https://castp.caas.cn
经 销 者 各地新华书店
印 刷 者 北京建宏印刷有限公司
开　　本 170 mm×240 mm　1/16
印　　张 9. 625　　彩插　4 面
字　　数 180 千字
版　　次 2025 年 7 月第 1 版　2025 年 7 月第 1 次印刷
定　　价 68. 00 元

《农产品中真菌毒素风险评估、检测及生物防控技术》著者名单

主　　著：任显凤　龚魁杰　范丽霞

副 主 著：张丙春　王兴亚　陈　璐

参与著作：宁明晓　郭长英　王艺璇　毕京秀

李桂东　董　崭　崔　凯　张守梅

前 言

真菌毒素是由某些致病性真菌在特定环境条件下产生的一类次生代谢产物，属于天然存在的食物毒素，具有显著的生物毒性。研究人员已构建了一系列基于环境因子、作物特性和真菌生物学特性的预测模型，这些模型能够有效预测真菌毒素的发生风险，并为作物种植管理和收获决策提供科学指导。由于真菌毒素在农产品及其加工产品中常以痕量水平存在，开发高灵敏度、高特异性的检测技术至关重要。目前，为满足不同场景下的检测需求，已成功开发出包括色谱分析、免疫检测和生物传感在内的多种检测方法，且这些方法正朝着快速、高通量和智能化的方向不断发展。尽管完全消除真菌毒素在技术上仍面临巨大挑战，但众多农艺学、化学、物理和生物方法可以在作物生长、收获、储存和加工等各个环节将真菌毒素的污染水平控制在安全阈值以下。

本书系统总结了作者团队多年来在农产品真菌毒素污染的风险评估、检测技术开发及生物防控策略研究方面取得的重要成果，同时系统整合了国内外相关领域的最新研究进展。全书不仅深入探讨了真菌毒素污染风险评估、检测、防控的理论创新，还详细介绍了相关技术规程及实际应用案例，旨在为制定科学、高效的真菌毒素预警、检测、防控技术体系提供理论依据和技术支持，对保障食品安全、促进农业可持续发展具有重要的学术价值和实践意义。

著者

2025 年 5 月

目　录

第1章　农产品中真菌毒素的种类及危害

1.1　真菌毒素的种类及分子结构

1.1.1　黄曲霉毒素（Aflatoxins，AFs）

黄曲霉毒素（Aflatoxins，AFs）是由黄曲霉（*Aspergillus flavus*）和寄生曲霉（*Aspergillus parasiticus*）等产生的剧毒次生代谢产物，如表1-1所示，其核心结构由二氢呋喃环与香豆素环耦合而成，分子量312～346 D[1]。根据环取代基差异分为B族黄曲霉毒素，包括黄曲霉毒素B_1（Aflatoxin B_1，AFB_1）和黄曲霉毒素B_2（Aflatoxin B_2，AFB_2）以及G族黄曲霉毒素包括黄曲霉毒素G_1（Aflatoxin G_1，AFG_1）和黄曲霉毒素G_2（Aflatoxin G_2，AFG_2），其中B族毒素在紫外光（365 nm）下呈现蓝紫色荧光，G族呈现黄绿色荧光。天然污染中AFB_1占比超70%，毒性强度顺序为$AFB_1>AFG_1>AFB_2>AFG_2$[2]。哺乳动物摄入AFB_1和AFB_2后，经肝细胞色素酶系代谢生成羟基化产物AFM_1和AFM_2，主要经乳汁排泄，因此乳制品是AFM_1污染的核心载体。AFs在常规加工中极难降解：AFB_1熔点为268℃，121℃高压灭菌30 min仅破坏5%～10%，需300℃以上方可完全分解。自然光下稳定，但紫外光（254 nm）辐照可使低浓度AFB_1开环降解。酸性至中性环境中稳定，pH值>9时二氢呋喃环水解生成无毒的钠盐，但酸性条件下可逆恢复毒性。强碱处理维持30 min以上能实现不可逆降解。AFs几乎不溶于水及非极性溶剂（石油醚、正己烷），但易溶于甲醇、氯仿等极性溶剂。油脂制品中AFB_1溶解度可达50 mg/L，导致花生油等成为高风险食品。

1.1.2 赭曲霉毒素（Ochratoxin，OT）

赭曲霉毒素（Ochratoxin，OT）是一类可以由青霉菌（*Penicillium*）和曲霉菌（*Aspergillus*）等真菌产生的次生代谢产物，如表1-1所示，其基本结构由L-β-苯丙氨酸（Phenylalanine）和异香豆素（Isocoumarin）以酰胺键相连接构成，存在多个结构类似物，自然界中发现的赭曲霉毒素主要包括赭曲霉毒素A（Ochratoxin A，OTA）、赭曲霉毒素B（Ochratoxin B，OTB）和赭曲霉毒素C（Ochratoxin C，OTC）等。赭曲霉毒素B是赭曲霉毒素A的脱氯衍生物，赭曲霉毒素C是赭曲霉毒素A的乙基酯。其中赭曲霉毒素A的毒性最强且污染范围最广，其相对分子量大小为403.3 D，分子结构上的异香豆素基团、苯丙氨酸以及对氯苯酚结构主要产生毒性作用[3]。赭曲霉毒素A可以在酶促降解的作用下，通过水解酰胺键的方式裂解生成赭曲霉毒素α（Ochratoxin α，OTα），或者通过异香豆素环脱氯生成赭曲霉毒素B，并进一步降解为赭曲霉毒素β（Ochratoxin β，OTβ）[4]。赭曲霉毒素A是一种白色、无臭、热力学性质稳定的固体结晶物，水溶性差，溶解于醇、酮和氯仿等有机溶剂。因其特殊的化学结构特征，赭曲霉毒素A具有很强的荧光特性，即经紫外线照射会呈现绿色荧光。赭曲霉毒素A在酸性条件下极为稳定，同时食品加工中的简单高温处理并不能将其去除[5]。当赭曲霉毒素A被降解为赭曲霉毒素α或者赭曲霉毒素β时，其毒性基团遭到严重破坏，被认为对人体没有危害。

1.1.3 玉米赤霉烯酮（Zearalenone，ZEN）

玉米赤霉烯酮（Zearalenone，ZEN）主要由禾谷镰刀菌（*Fusarium graminearum*）和枯草镰刀菌（*Fusarium culmorum*）等镰刀菌属（*Fusarium*）真菌产生的类雌激素真菌毒素，主要污染玉米、小麦、大麦等谷物，其衍生物广泛存在于食品和饲料中[6]。作为全球粮食安全的重要威胁因子，ZEN及其代谢产物的毒性作用与其分子结构密切相关。如表1-1所示，ZEN的核心结构为二羟基苯甲酸内酯环，分子量318.36 D，其内酯环上的官能团修饰可形成5种主要衍生物，分别是α/β-玉米赤霉烯醇（α/β-Zearalenol，α/β-ZOL）、α/β-玉米赤霉醇（α/β-Zearalanol，α/β-ZAL）和玉米赤霉酮（Zearalanone，ZAN）。这些衍生物中，α-ZOL

和α-ZAL因与雌激素受体的高亲和力而成为毒性最强的代谢产物。ZEN的结构类似于天然存在的雌激素，熔点为164~165℃，是一种白色晶体形式的弱极性化合物，在360 nm激发时具有蓝绿色荧光，在260 nm紫外激发时具有绿色荧光。虽然它不溶于水，但它能很好地溶解在各种碱性溶液中，如苯、乙腈、丙酮或醇。ZEN具有热稳定性，不会因研磨、挤压、储存或加热等加工而降解[7]。这种霉菌毒素主要在收获前积累在谷物中，但也在储存条件不佳的情况下收获后积累。

1.1.4　脱氧雪腐镰刀菌烯醇（Deoxynivalenol，DON）

脱氧雪腐镰刀菌烯醇（Deoxynivalenol，DON）是单端孢霉烯族毒素中B类代表性成员，因其可引发呕吐反应亦被称为“呕吐毒素”。如表1-1所示，该毒素的化学基础为四环倍半萜骨架结构，其生物合成与多种产毒真菌密切相关，主要分布于镰刀菌属（*Fusarium*）、链孢菌属（*Alternaria*）、曲霉属（*Aspergillus*）等类群中，其中镰刀菌属（如禾谷镰刀菌*Fusarium graminearum*）是污染谷物并产生DON的优势菌属[8]。DON的毒性与其特征性官能团密切相关。其分子结构中C3位的羟基和C12—C13位的环氧环被确认为核心致毒基团，可作为研究其生物转化或解毒机制的重要靶标[9]。3-乙酰脱氧雪腐镰刀菌烯醇（3-Acetyldeoxynivalenol，3-ADON）和15-乙酰脱氧雪腐镰刀菌烯醇（3-Acetyldeoxynivalenol，15-ADON）是DON的乙酰化衍生物，常与DON同时存在于谷类产品中，由于其在体内可转化为DON，因此毒性与DON基本相当。DON具备极强的理化稳定性，常规食品加工难以有效去毒。实验表明，121℃下高压处理25 min其结构保留率仍超过80%，而普通烹饪温度（100℃以下）对其分解作用微乎其微。这种热稳定性使毒素能够完整存在于烘焙食品、啤酒等加工产品中，构成持续暴露风险。但在中性及弱酸性条件下表现出高稳定性，在强碱性环境可促使其环氧结构发生水解。尽管其水溶性较低（约30 mg/L），但在潮湿储存条件下仍易随真菌代谢扩散至谷物深层组织。

1.1.5　T-2毒素（T-2 Toxin，T-2）

T-2毒素（T-2 Toxin，T-2）是由镰刀菌属（*Fusarium*）真菌产生的剧毒次生代谢产物，属于单端孢霉烯族毒素家族中的A型成员。该毒素主要由拟枝孢镰刀菌（*Fusarium sporotrichioides*）在谷物及其制品、动物饲料霉变过程中合成[10]。如表 1-1 所示，其化学本质为具有四环骨架的倍半萜类化合物，分子结构中含有多个特征性取代基团：C9—C10 位存在不饱和双键，C12—C13 位形成关键的环氧环结构，同时在 C3、C4 和 C15 位分别被羟基、乙酰氧基和异戊酰氧基取代。值得注意的是，环氧环作为其毒性核心基团，一旦被破坏将导致毒性显著降低。此外，T-2 毒素在生物体内经脱乙酰化作用可转化为毒性较弱的 HT-2 毒素[11]。从理化性质分析，T-2 毒素具有极强的环境稳定性。该物质难溶于水且不具备挥发性，在常规食品加工条件（包括高温处理和高压灭菌）下仍能保持结构完整。其在中性至酸性环境中尤为稳定，这一特性使得摄入后的毒素能在胃液中保持活性。然而，存在部分微生物群落能够对其进行生物转化，通过特定代谢途径实现解毒[12]。热稳定性研究表明，常规烹饪温度无法有效破坏其毒性，这导致受污染食品即使经过加工仍存在潜在风险。

1.1.6 伏马毒素（Fumonisin，FBs）

伏马毒素（Fumonisin，FBs）是由轮枝镰刀菌（*Fusarium verticillioides*）和尖孢镰刀菌（*Fusarium oxysporum*）等镰刀菌属（*Fusarium* spp.）代谢产生的亲水性真菌毒素，如表 1-1 所示，其核心结构由丙烷-1,2,3-三羧酸与长链氨基多元醇通过酯键连接构成，分子骨架呈现长链多羟基烷烃特征，末端含两个三羧酸酯基团。根据多元醇链的羟基数目、氨基取代位点及酯化方式差异，FBs 可分为 A、B、C、P 四大系列共 28 种亚型。其中 B 系列毒素，伏马毒素 B_1（Fumonisin B_1，FB_1）、伏马毒素 B_2（Fumonisin B_2，FB_2）和伏马毒素 B_3（Fumonisin B_3，FB_3）占全球污染总量的 70%以上，尤以 FB_1 的毒性最强。A 系列因多元醇链缺少末端氨基，毒性显著降低；P 系列则因磷酸基团的引入增强水溶性，但环境稳定性下降。作为典型的水溶性次级代谢产物，FB_1 的极性特征使其易溶于水和极性溶剂，但几乎不溶于非极性有机溶剂。其分子量范围在 721.83~785.89 D，具有热稳定性，在常规食品加工中表现出强耐受性，高温烘烤后仅降解 15%~20%，且可能诱导毒性更强的水解产物。在碱性条件下酯键易断裂，但酸性环境可稳定存在，这可能与玉米制品中的高残留率直接相关。

1.1.7 展青霉素（Patulin，PAT）

展青霉毒素（Patulin，PAT），又称为棒曲霉毒素，是由青霉属（*Penicillium*）和曲霉属（*Aspergillus*）等丝状真菌产生的次级代谢产物，其中扩展青霉（*Penicillium expansum*）是其主要产毒菌株[13]。如表 1-1 所示，该毒素的分子结构为多环内酯化合物，核心骨架含有一个 α，β-不饱和内酯环，分子量仅为 154.12 D，是已知真菌毒素中分子量最小的聚酮类化合物之一。PAT 的 α，β-不饱和内酯环既是其毒性基础，也是结构不稳定的关键位点。该毒素在碱性条件下易发生开环反应，导致毒性丧失，但在酸性至中性环境中却表现出显著稳定性。实验数据显示，其熔点介于 110.5～112.0℃，且在超过 100℃的高温环境下仍能保持结构完整，这种热稳定性使其在果汁巴氏杀菌等食品加工过程中难以被有效清除。溶解性方面，PAT 易溶于酸性水溶液及乙醇、丙酮等极性有机溶剂，但在石油醚等非极性溶剂中几乎不溶，这一特性为其检测方法的开发提供了分离纯化依据[14]。

1.1.8 橘青霉素（Citrinin，CIT）

橘青霉素（Citrinin，CIT）是由曲霉属（*Aspergillus*）、青霉属（*Penicillium*）及红曲霉属（*Monascus*）等丝状真菌代谢产生的一类聚酮类次级代谢产物，广泛污染谷物、水果及动物饲料等农产品[15]。如表 1-1 所示，其分子结构以苯并吡喃酮为核心骨架，并带羧酸基团，分子量为 250.25 D。CIT 分子结构中羧酸基团的存在使其具备离子态与非离子态两种构型动态平衡的特征。在溶液中，CIT 可通过羧酸基团与金属离子（如 Fe^{3+}、Al^{3+}）结合形成螯合物，但此类复合物稳定性较低，易在酸性、碱性或高温条件下分解[16]。理化特性方面，CIT 的熔点为 175～178.5℃，沸点达 313.28℃，紫外吸收峰位于 250～321 nm，其最大吸收波长与苯并吡喃酮环的共轭结构直接相关。溶解性实验显示，该毒素在冷水中几乎不溶，但微溶于热水，在氢氧化钠、碳酸钠等碱性水溶液中溶解度显著提升。此外，CIT 可溶于丙酮、乙酸乙酯等极性有机溶剂，而在正己烷、石油醚等非极性溶剂中溶解性极低[17]。

1.1.9 杂色曲霉毒素（Sterigmatocystin，STC）

杂色曲霉毒素（Sterigmatocystin，STC），亦称柄曲霉素，是由曲霉属

(*Aspergillus*) 真菌产生的聚酮类次级代谢产物，其主要产毒菌株包括杂色曲霉 (*Aspergillus versicolor*)、构巢曲霉 (*Aspergillus nidulans*) 及阿姆斯特丹曲霉 (*Aspergillus amstelodami*)。值得注意的是，该毒素是黄曲霉 (*Aspergillus flavus*) 和寄生曲霉 (*Aspergillus parasiticus*) 生物合成黄曲霉毒素 (Aflatoxin, AF) 的关键前体物质。STC 广泛污染玉米、小麦、大米等主要粮食作物，尤其在湿热储存条件下的污染风险显著升高。如表 1-1 所示，STC 由二呋喃环与氧杂蒽酮通过碳链连接构成，其核心骨架与黄曲霉毒素高度相似，但毒性强度约为后者的 1/10，被认为是自然界中毒性第二强的含呋喃环真菌毒素[18]。STC 分子量为 324.3 D，纯品呈淡黄色针状结晶。其溶解性具有显著极性依赖性：几乎不溶于水，微溶于甲醇，但易溶于氯仿、乙腈等中等极性有机溶剂[19]。紫外吸收光谱显示其特征峰位于 246 nm 和 325 nm。同时，STC 在常规食品加工温度<150℃下结构保持稳定，但在强氧化剂或紫外线照射下可发生降解。

1.1.10 交链孢霉毒素 (Alternaria Toxins, ATs)

交链孢霉毒素 (Alternaria Toxins, ATs)，又称链格孢霉毒素，是由链格孢属 (*Alternaria* spp.) 真菌产生的一类高风险次级代谢产物，目前已鉴定出 70 余种结构各异的毒性化合物，其中链格孢酚 (Alternariol, AOH)、链格孢酚单甲醚 (Alternariol Monomethyl Ether, AME) 及细交链孢菌酮酸 (Tenuazonic Acid, Te A) 为主要代表[20]。AOH、AME 属于二苯并吡喃酮类；Te A 属于四氨基酸衍生物。这些毒素广泛存在于霉变的谷物、果蔬和其加工制品中，其稳定的理化性质和生物活性对食品安全构成严重威胁。AOH 为无色针状晶体，分子量 242.23 D，熔点高达 350℃，密度 1.56 g/cm^3。如表 1-1 所示，其分子结构中含游离羟基，具有两亲性特征，可溶于甲醇、乙腈等极性有机溶剂，并在 365 nm 紫外光激发下呈现特征性蓝色荧光。AME 是 AOH 的甲基化衍生物，分子量 272.25 D，熔点 267℃，甲氧基的引入显著增强脂溶性，使其更易穿透生物膜系统。两者均表现出极强的热稳定性，常规食品加工 (如烘焙、蒸煮) 难以破坏其毒性核心结构[21]。

1.1.11 恩镰孢菌素 (Enniatins, ENNs)

恩镰孢菌素 (Enniatins, ENNs) 是一类由镰刀菌属 (*Fusarium*) 特

定菌株产生的环状六酯肽类真菌毒素，产毒菌株主要包括黄色镰刀菌（*Fusarium culmorum*）、尖孢镰刀菌（*Fusarium oxysporum*）及燕麦镰刀菌（*Fusarium avenaceum*）。目前已知 ENNs 天然类似物约 29 种，根据侧链取代基差异分为 A、B、C 三族。其中，A 族的恩镰孢菌素 A（ENA）、A_1（ENA_1）与 B 族的恩镰孢菌素 B（ENB）、B_1（ENB_1）因污染频率高、毒性强而成为研究焦点[22]。白僵菌素（Beauvericin，BEA）虽独立分类，但其结构与 ENNs 高度同源，常与 ENNs 共存于霉变谷物及其加工制品中，形成复合污染风险，加剧食品安全威胁。如表 1-1 所示，ENNs 与 BEA 的核心骨架均由 3 个 N-甲基氨基酸和 3 个羟基酸交替缩合形成的六元环缩肽构成[23]。以 ENA 和 ENB 为例，其分子量分别为 687.8 D 和 701.8 D，侧链的 N-甲基化修饰显著增强脂溶性，使其更易穿透生物膜系统。BEA 分子量达 784.0 D，含三个苯甲酰基团，紫外特征吸收峰位于 205 nm 和 282 nm。两类毒素均表现出极强的热稳定性，实验表明，常规烘焙加工（180℃）仅能降解约 30%的毒素，残留部分仍可通过食品链进入人体。

表 1-1　常见真菌毒素的分子结构

名称	种类	分子式	缩写	分子结构
黄曲霉毒素 B_1	Aflatoxin B_1	$C_{17}H_{12}O_6$	AFB_1	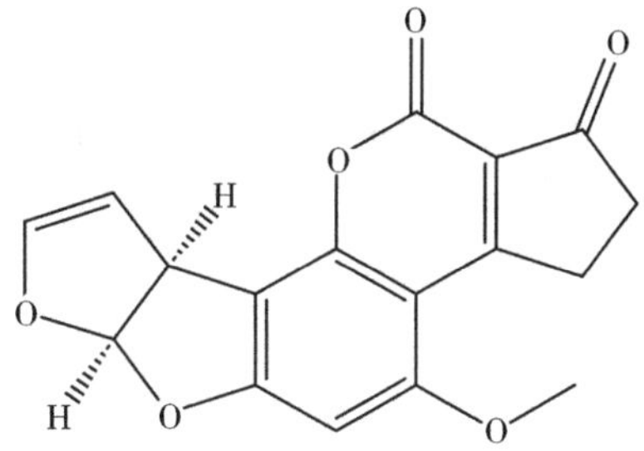
黄曲霉毒素 B_2	Aflatoxin B_2	$C_{17}H_{14}O_6$	AFB_2	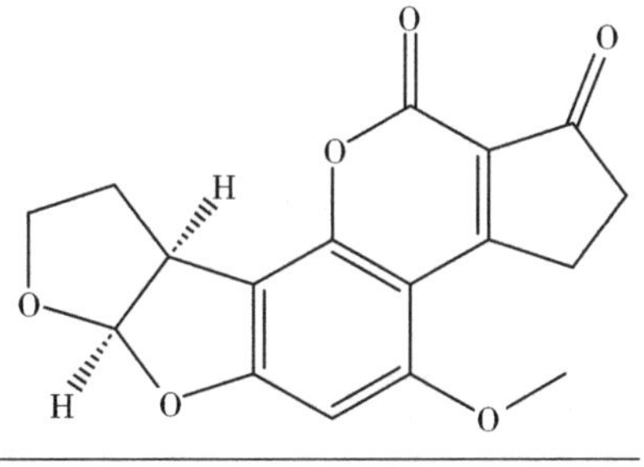

（续表）

名称	种类	分子式	缩写	分子结构
黄曲霉毒素 G_1	Aflatoxin G_1	$C_{17}H_{12}O_7$	AFG_1	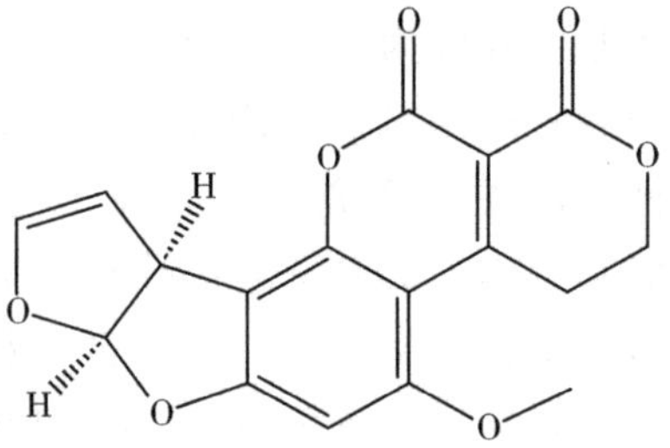
黄曲霉毒素 G_2	Aflatoxin G_2	$C_{17}H_{14}O_7$	AFG_2	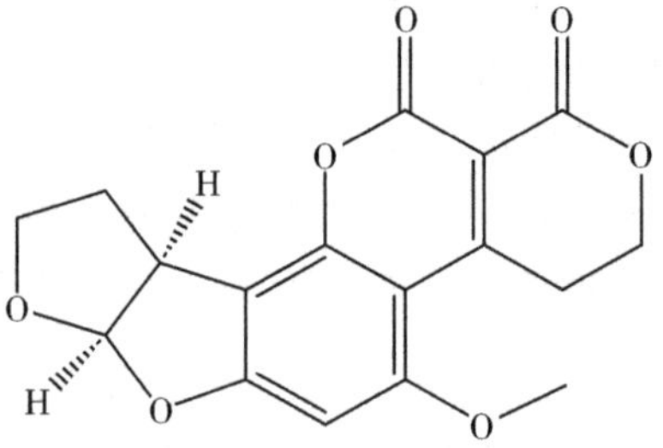
黄曲霉毒素 M_1	Aflatoxin M_1	$C_{17}H_{12}O_7$	AFM_1	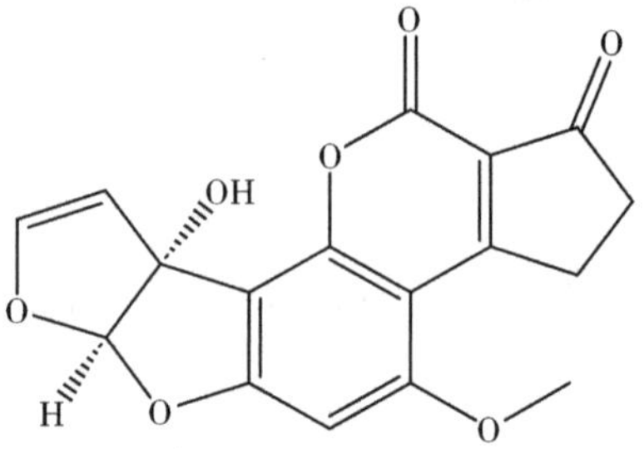
黄曲霉毒素 M_2	Aflatoxin M_2	$C_{17}H_{14}O_7$	AFM_2	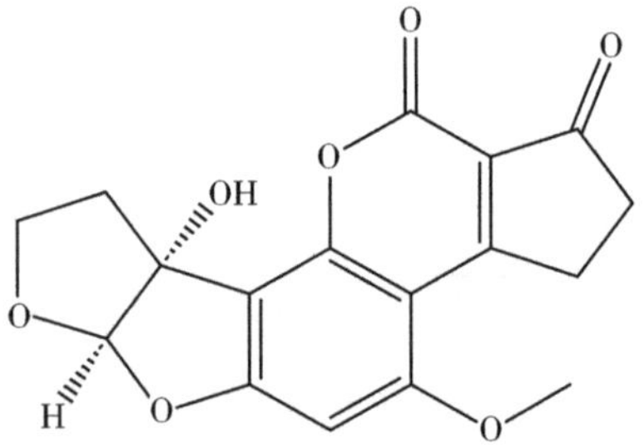

（续表）

名称	种类	分子式	缩写	分子结构
赭曲霉毒素A	Ochratoxin A	$C_{20}H_{18}ClNO_6$	OTA	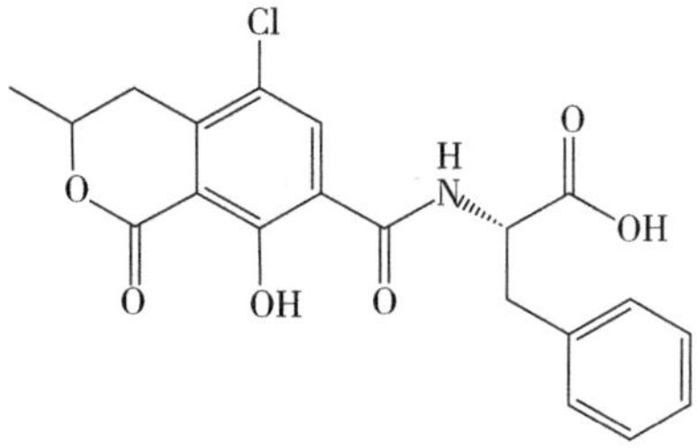
赭曲霉毒素B	Ochratoxin B	$C_{20}H_{19}NO_6$	OTB	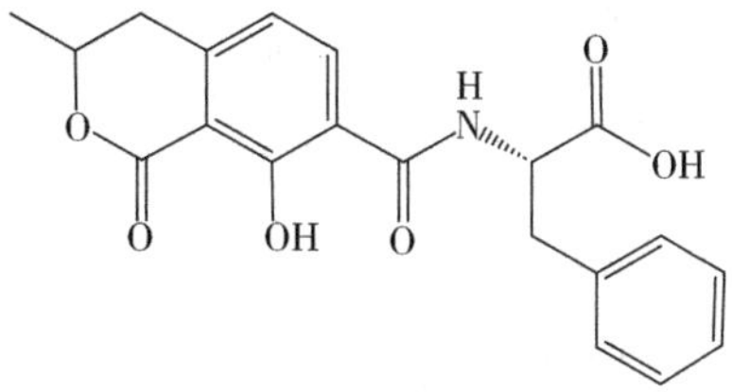
赭曲霉毒素C	Ochratoxin C	$C_{22}H_{22}ClNO_6$	OTC	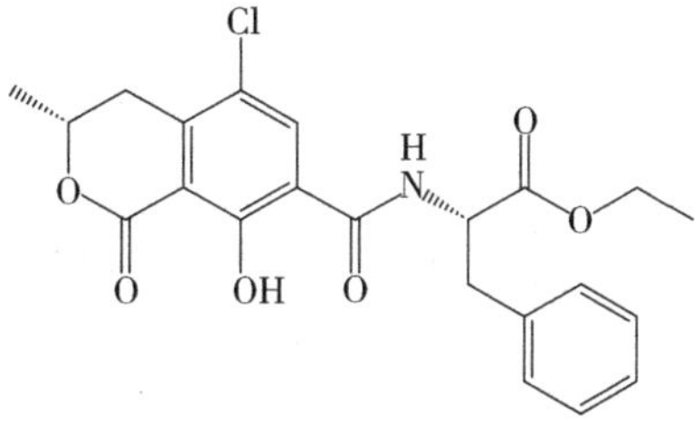
赭曲霉毒素α	Ochratoxin α	$C_{11}H_9ClO_5$	OTα	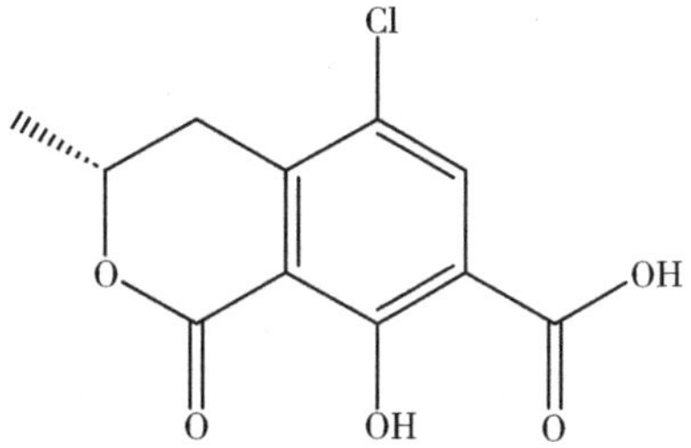

（续表）

名称	种类	分子式	缩写	分子结构
赭曲霉毒素β	Ochratoxin β	$C_{11}H_{10}O_5$	OTβ	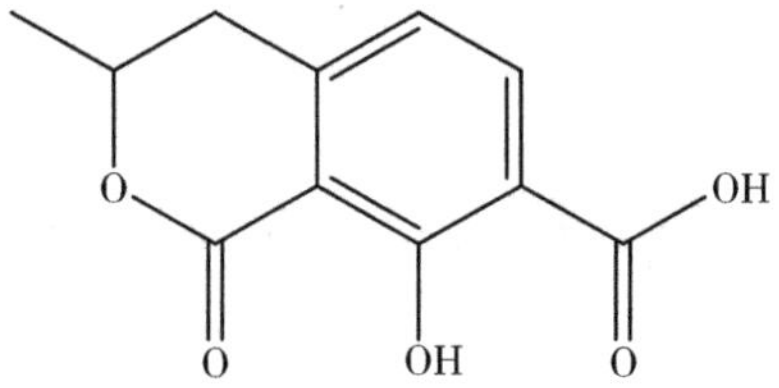
玉米赤霉烯酮	Zearalenone	$C_{18}H_{22}O_5$	ZEN	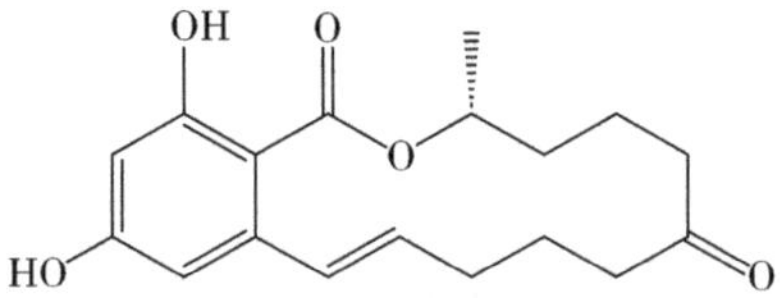
α-玉米赤霉烯醇	α-Zearalenol	$C_{18}H_{24}O_5$	α-ZOL	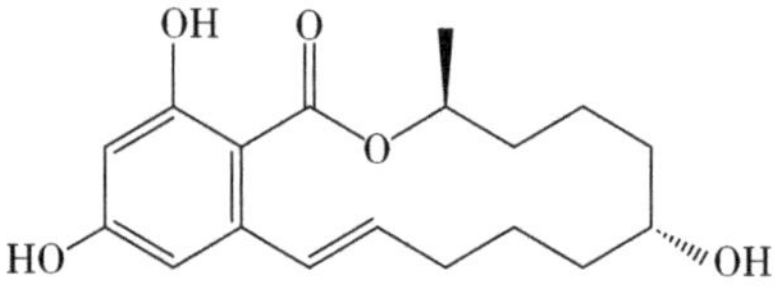
β-玉米赤霉烯醇	β-Zearalenol	$C_{18}H_{24}O_5$	β-ZOL	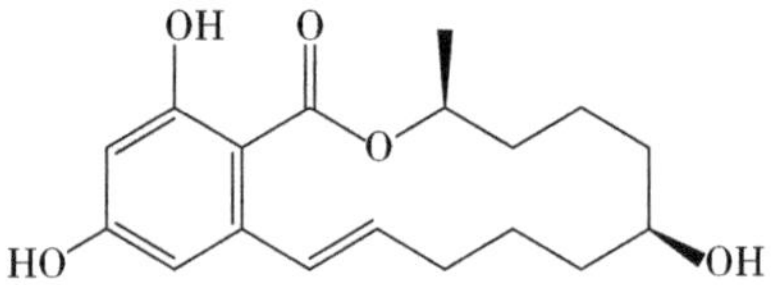
α-玉米赤霉烯酮	α-Zearalanol	$C_{18}H_{26}O_5$	α-ZAL	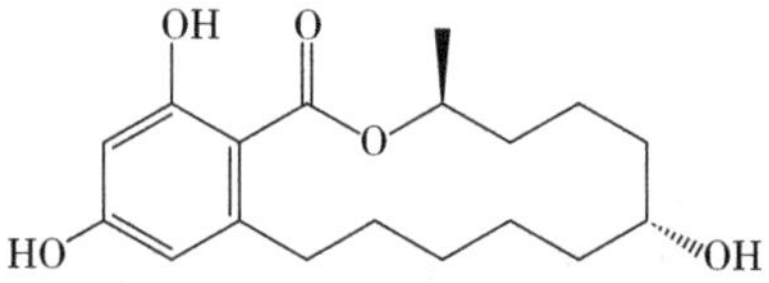
β-玉米赤霉烯酮	β-Zearalanol	$C_{18}H_{26}O_5$	β-ZAL	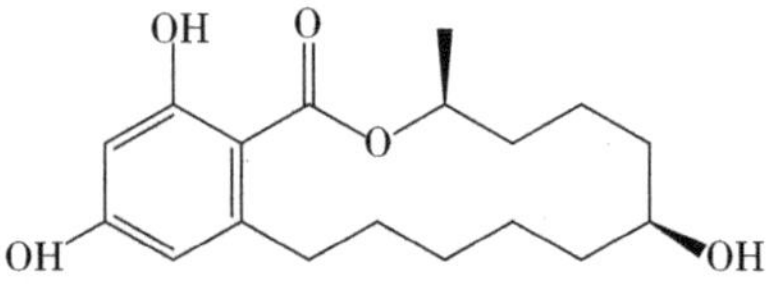

（续表）

名称	种类	分子式	缩写	分子结构
玉米赤霉酮	Zearalanone	$C_{18}H_{24}O_5$	ZAN	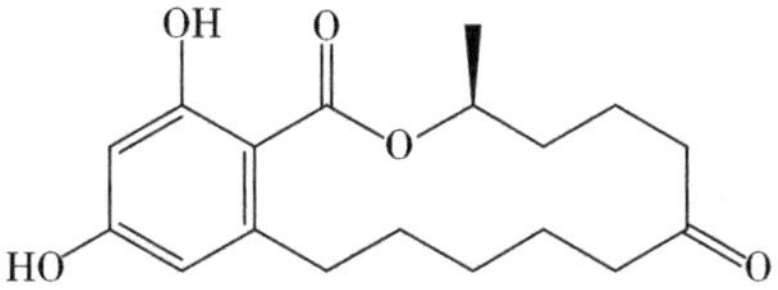
脱氧雪腐镰刀菌烯醇	Deoxynivalenol	$C_{15}H_{20}O_6$	DON	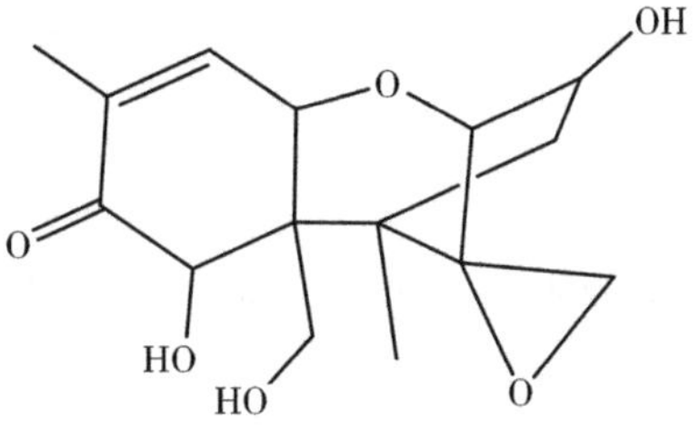
3-乙酰脱氧雪腐镰刀菌烯醇	3-Acetyldeoxynivalenol	$C_{17}H_{22}O_7$	3-A DON	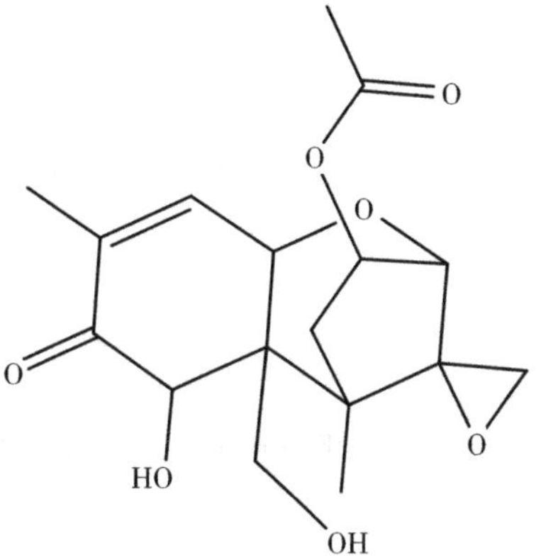
15-乙酰脱氧雪腐镰刀菌烯醇	15-Acetyldeoxynivalenol	$C_{17}H_{22}O_7$	15-A DON	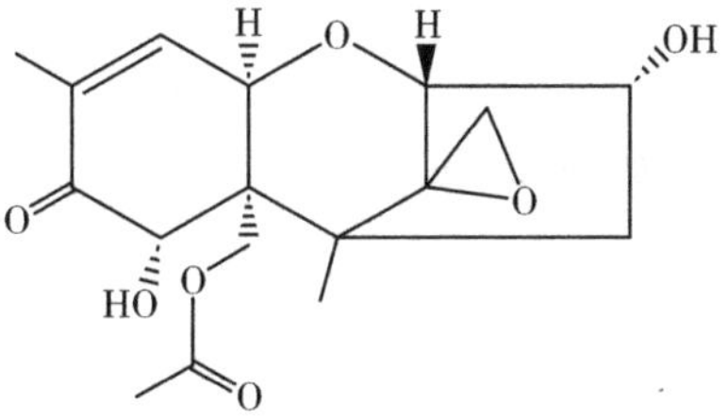

（续表）

名称	种类	分子式	缩写	分子结构
T-2 毒素	T-2 Toxin	$C_{24}H_{34}O_9$	T-2	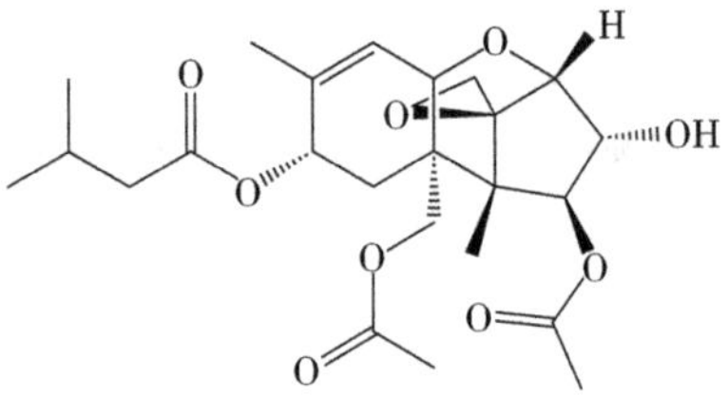
HT-2 毒素	HT-2 toxin	$C_{22}H_{32}O_8$	HT-2	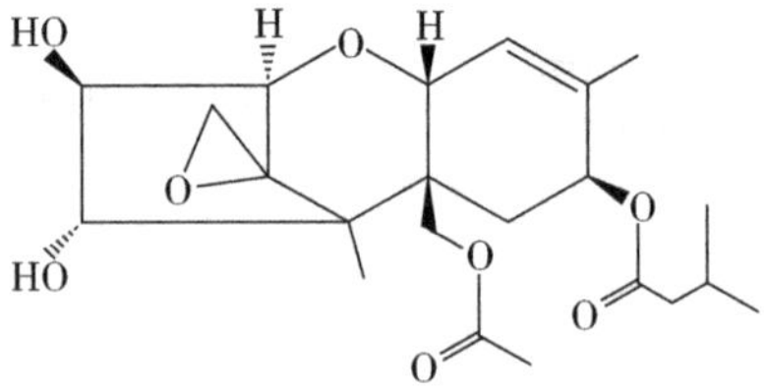
伏马毒素 B_1	Fumonisin B_1	$C_{34}H_{59}NO_{15}$	FB_1	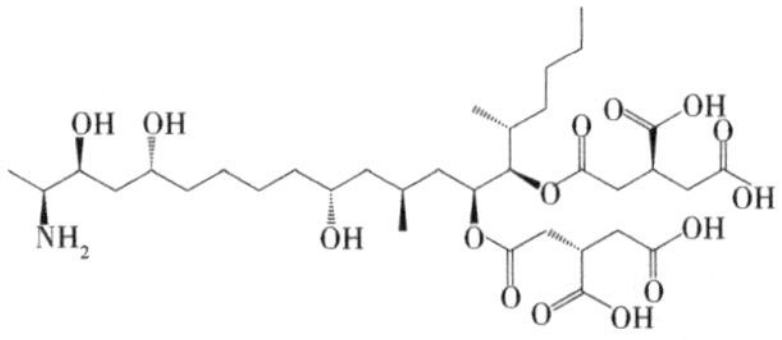
伏马毒素 B_2	Fumonisin B_2	$C_{34}H_{59}NO_{14}$	FB_2	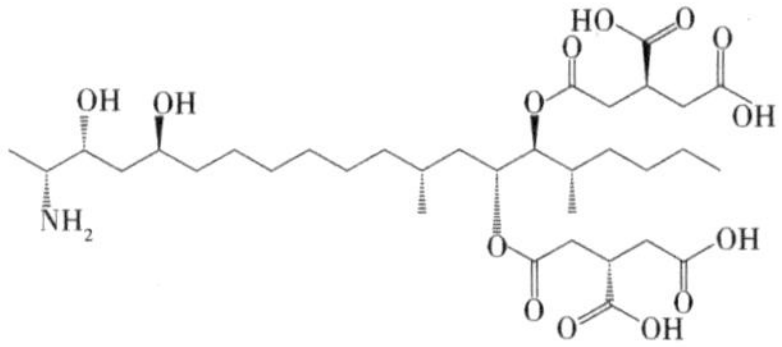
伏马毒素 B_3	Fumonisin B_3	$C_{34}H_{59}NO_{14}$	FB_3	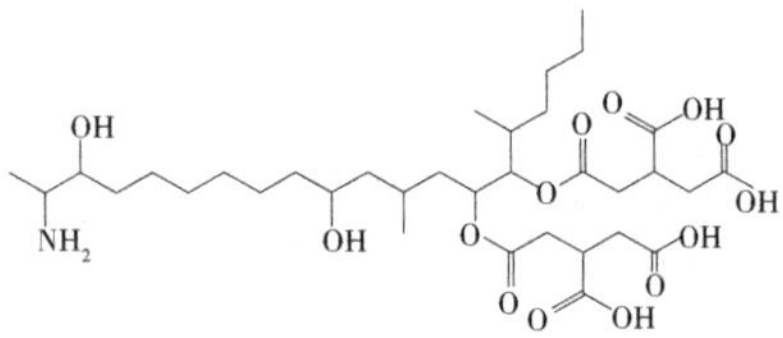

（续表）

名称	种类	分子式	缩写	分子结构
展青霉素	Patulin	$C_7H_6O_4$	PAT	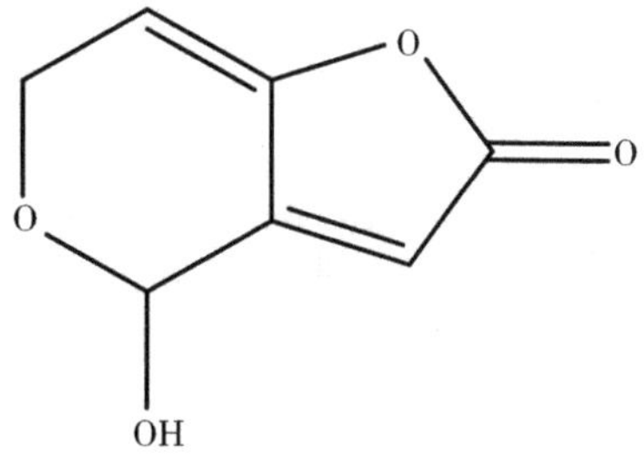
橘青霉素	Citrinin	$C_{13}H_{14}O_5$	CIT	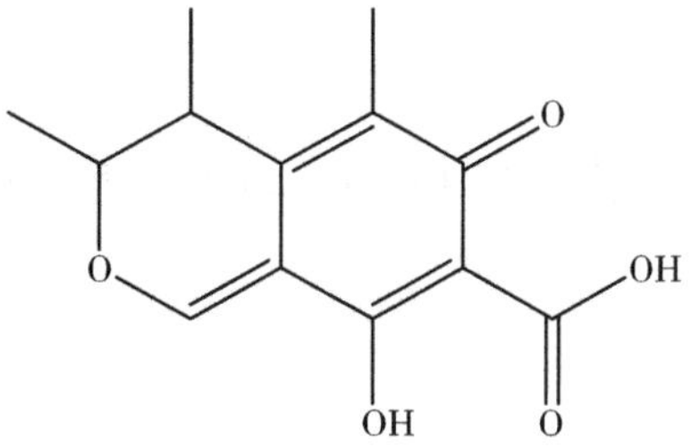
杂色曲霉毒素	Sterigmatocystin	$C_{18}H_{12}O_6$	STG	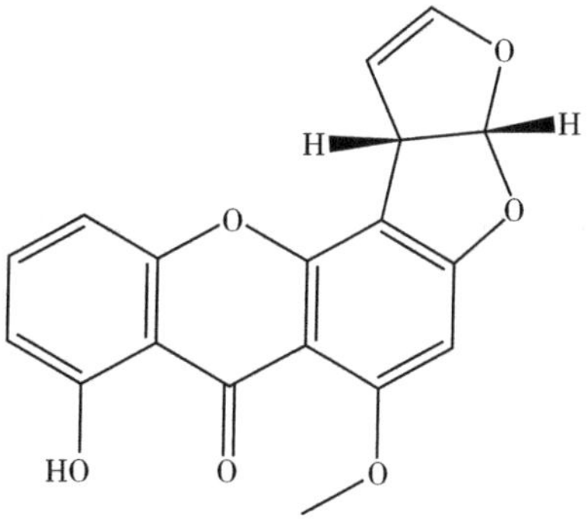
交链孢霉毒素	Alternariol	$C_{14}H_{10}O_5$	AOH	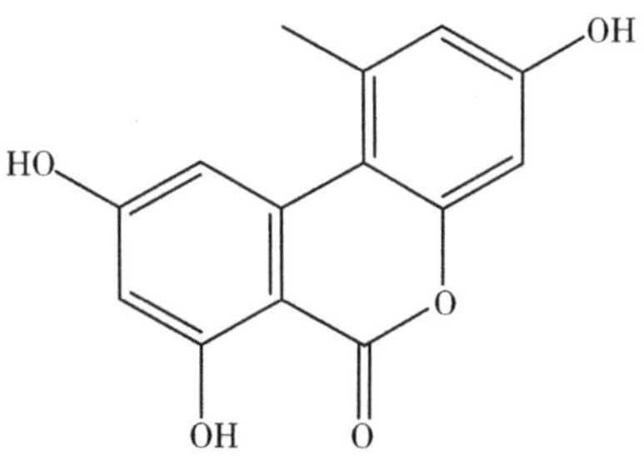

（续表）

名称	种类	分子式	缩写	分子结构
链格孢酚单甲醚	Alternariol monomethyl ether	$C_{15}H_{12}O_5$	AME	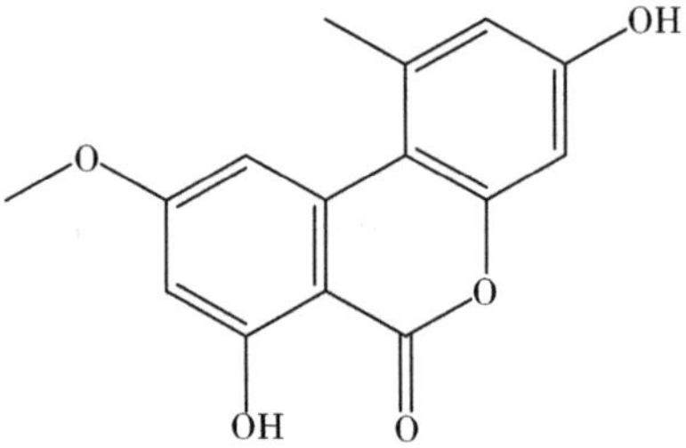
细交链孢菌酮酸	Tenuazonic Acid	$C_{10}H_{15}NO_3$	Te A	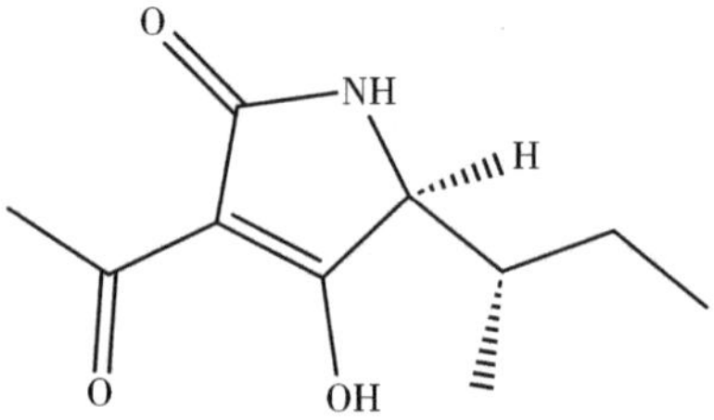
恩镰孢菌素 A	Enniatin A	$C_{36}H_{63}N_3O_9$	ENNA	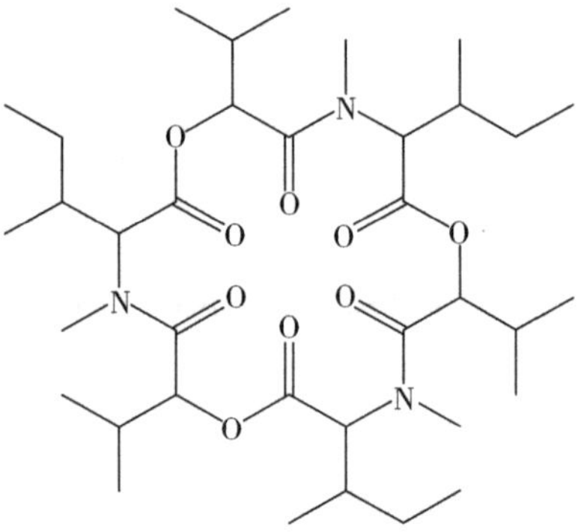
恩镰孢菌素 A_1	Enniatin A_1	$C_{35}H_{61}N_3O_9$	$ENNA_1$	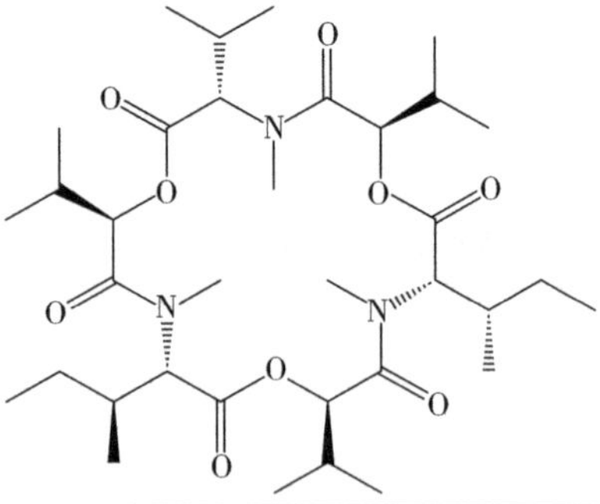

（续表）

名称	种类	分子式	缩写	分子结构
恩镰孢菌素 B	Enniatin B	$C_{33}H_{57}N_3O_9$	ENNB	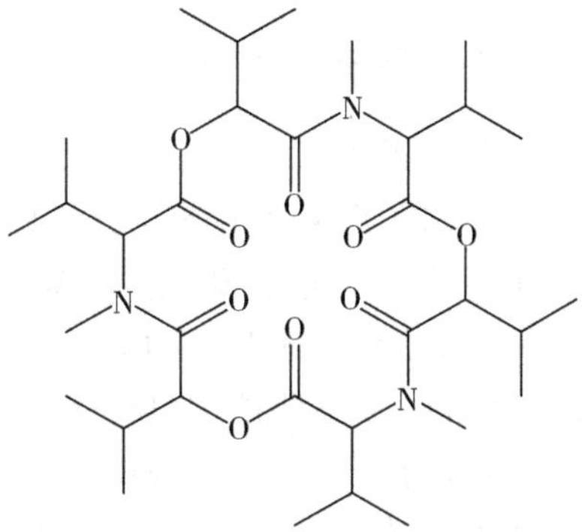
恩镰孢菌素 B_1	Enniatin B_1	$C_{34}H_{59}N_3O_9$	$ENNB_1$	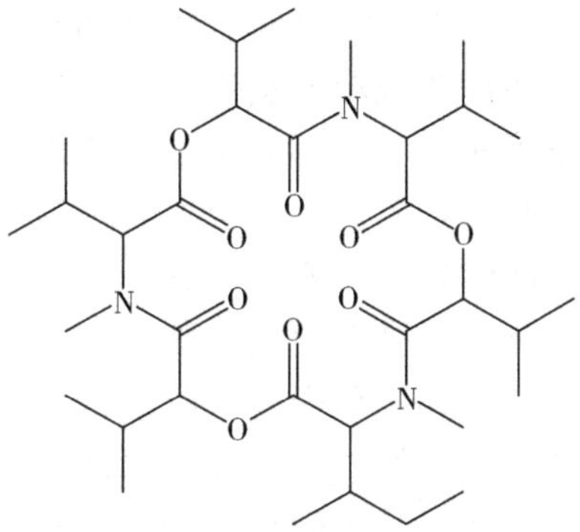
白僵菌素	Beauvericin	$C_{45}H_{57}N_3O_9$	BEA	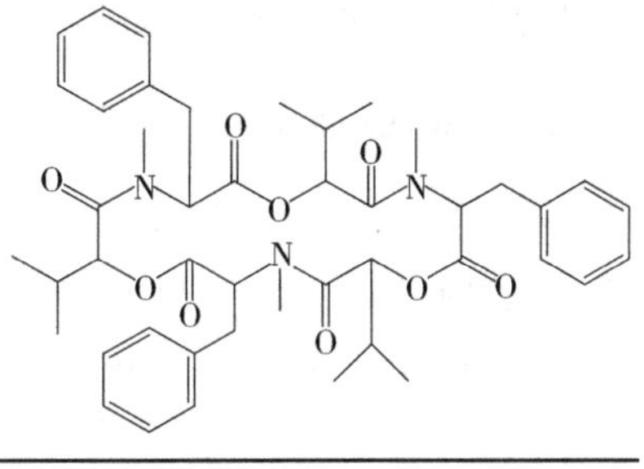

1.2 真菌毒素严重威胁人体生命健康

1.2.1 黄曲霉毒素（AFs）

黄曲霉毒素（Aflatoxins，AFs）是自然界中毒性最强的真菌毒素，其中 AFB_1 的半数致死量（LD_{50}）仅 0.5 mg/kg（大鼠口服），其毒性强度是氰化钾的 10 倍、砒霜的 68 倍，被国际癌症研究机构（International Agency for Research on Cancer，IARC）列为 I 类致癌物。全球 4.6%～28.2%的肝细胞癌病例与 AFB_1 暴露相关，每年导致超 60 万人死亡。其致癌的毒性机制主要是 AFB_1 经肝脏酶系催化生成 8,9-环氧黄曲霉毒素，该活性中间体可以与 DNA 共价结合，诱导基因突变，从而驱动肝癌发生[24]。同时，AFB_1能够抑制免疫细胞的增殖，降低免疫细胞的活性，导致免疫监视功能丧失。除肝癌外，AFB_1 暴露与肾癌、肺癌及结肠癌风险显著相关，其环氧化物可穿透胎盘屏障，引发胎儿畸形。当人或动物单次高剂量暴露后，会引发肝细胞广泛坏死及肝出血，临床表现为黄疸、凝血功能障碍，致死率高达 80%。而长期低剂量摄入会导致肝脂肪变性、肝硬化及渐进性免疫抑制。AFs 对家禽的影响包括体重减轻、饲料效率差、蛋产量和蛋重损失、肝脏脂肪增加等多种危害。猪对 AFB_1 的敏感程度比禽类低，但肝损伤却比家禽严重。AFB_1 通过母乳传播而造成仔猪生长速度迟缓，甚至死亡。奶牛中毒表现为饲料采食量减少、产奶量降低、体细胞数增加等，严重可导致死亡[25]。

1.2.2 赭曲霉毒素（OT）

OT 主要损伤肾脏和肝脏，由于较高的脂溶性使其与血浆蛋白结合，并通过食物链传播，进而严重威胁人类健康。其中，国际癌症研究机构（International Agency for Research on Cancer，IARC）将 OTA 列为 IIB 类致癌物，其毒性作用具有多器官靶向性。OTA 的结构类似于人体必需氨基酸苯丙氨酸，因而会竞争性抑制肝肾中的苯丙氨酸羟化酶的作用，抑制相应蛋白质的合成[26]。OTA 富集于肾脏后，会抑制线粒体活性，减少 ATP 的生成，并诱导活性氧暴发，从而导致肾小管上皮细胞坏死。长期暴露可引发慢性间质性肾炎及巴尔干地方性肾病。OTA 的代谢生成物可形成

DNA 加合物，造成肝细胞损失，诱发肝细胞癌。此外，OTA 还具有免疫毒性、遗传毒性、神经毒性和致畸性[27]。通过抑制免疫细胞的增殖，降低人体自身的免疫能力；通过诱导海马神经元的凋亡，与阿尔茨海默病病理斑块沉积相关。在动物试验中，OTA 可使仔猪出现尿酸盐沉着、肾肿、肾衰竭、苍白肿胀，胃溃疡；孕鼠长时间暴露后，胎鼠的神经管畸形率会升高；而由于家禽排泄 OTA 的能力比其他物种更高，所以对 OTA 的敏感性较低。

1.2.3　玉米赤霉烯酮（ZEN）

ZEN 及其代谢产物具有强效雌激素活性，该类毒素通过模拟雌激素结构与雌激素受体结合，亲和力可达天然雌激素的 1/3，可导致动物和人体内分泌紊乱，引发多器官毒性效应[28]。母猪摄入 ZEN 污染饲料后，假孕率升高，流产率达 32%；雌鼠长期暴露 ZEN 后可致卵巢颗粒细胞凋亡率增加；女性人体摄入 ZEN 污染食品（如玉米制品）后，血清雌二醇水平异常波动，与子宫内膜异位症、月经周期紊乱显著相关。此外，ZEN 能够通过影响肝脏细胞，诱发脂肪变性和纤维化，从而造成肝脏毒性。长期低剂量的 ZEN 暴露会引发肾小管上皮细胞凋亡，与慢性肾病发病率呈剂量依赖性正相关。流行病学研究表明，高剂量 ZEN 暴露的地区，女性乳腺癌的发病率会提高，这可能与其对免疫细胞的抑制有关。此外，ZEN 常与呕吐毒素（Deoxynivalenol，DON）共存，两者协同作用可使雌激素效应增强 1.8 倍。因此，ZEN 具有类雌激素活性、生殖毒性、免疫毒性、遗传毒性及致畸性等多种毒性，被 IARC 列为Ⅲ类致癌物。

1.2.4　脱氧雪腐镰刀菌烯醇（DON）

DON 作为全球污染范围最广的真菌毒素，主要存在于小麦、玉米、大麦等谷类作物及其加工副产物中[29]。据欧盟食品安全局统计，约 80% 的谷物及其制品存在 DON 污染，其污染水平常超过 1 000 μg/kg，被欧盟列为Ⅲ类致癌物（非遗传毒性致癌物）。该毒素对畜牧业的危害尤为突出，在猪饲料中检出率高达 92%，可导致母猪呕吐、采食量下降及繁殖性能降低，每年造成数十亿美元经济损失。DON 主要具有细胞毒性、免疫毒性和神经毒性，且毒性有显著剂量依赖性。急性毒性表现为摄入后 30 min 内出现剧烈呕吐、腹泻、发热及内毒素血症，重症者可发展为休克甚至死亡。慢性毒性则以食欲减退、消化功能障碍和免疫抑制为特征，其通过抑制核糖体肽基转移酶活性阻断蛋白质合成，优先攻击肠道上皮细胞、淋巴细胞等快速增殖细胞群，导致肠屏障损伤和免疫器官（胸腺、脾脏）萎缩[30]。流行病学研究显示，长期暴露DON的人群中，克山病和大骨节病发病率显著升高，儿童因代谢酶系统发育不全更易出现神经毒性症状（头痛、头晕）及生长迟缓。

1.2.5 T-2毒素

T-2毒素的基因毒性和细胞毒性主要包括抑制细胞蛋白质、DNA和RNA合成，引发细胞氧化应激导致DNA损伤，诱导细胞凋亡、基因表达变化和细胞膜功能损伤等。T-2毒素及其衍生物TH-2分子结构中的环氧基通过激活氧化酶诱导活性氧暴发，导致脂质过氧化和细胞膜完整性破坏；乙酰氧基则增强毒素与核糖体的结合能力，抑制蛋白质的合成[31]。这种双重作用机制使其毒性强度是DON的10倍，对动物半数致死量低至1~5 mg/kg体重。T-2毒素被认定为禽类最致命的真菌毒素，微量即可引发口腔溃疡、肠道出血和免疫抑制，导致产蛋率下降。T-2毒素污染饲料后可致母猪流产，仔猪表现为血痢、呕吐及急性死亡。慢性暴露T-2毒素引发关节软骨退化，同时诱导肠道杯状细胞凋，破坏肠道屏障功能。T-2毒素进入血液中能产生细胞毒性作用，损伤血管内皮细胞，破坏血管壁的完整性，使血管扩张、充血、通透性增强，引起全身各个器官出血。人体通过食用霉变谷物（玉米、小麦）长期低剂量暴露后，会导致口腔黏膜糜烂和食管上皮增生，并引发的免疫抑制。

1.2.6 伏马毒素（FBs）

FBs的毒性作用主要源于其三羧酸酯基团对鞘脂代谢通路的特异性干扰：作为人体内两种鞘脂——鞘氨醇和二氢鞘氨醇的结构类似物，FBs可竞争性抑制神经酰胺合成酶，阻断鞘脂转化为神经酰胺，导致鞘氨醇在细胞中异常蓄积，进而触发线粒体功能障碍和氧化应激暴发，最终诱导细胞凋亡。其中，IARC基于流行病学证据将FB_1列为ⅡB类致癌物[32]。对南非地区食管癌高发区的研究显示，玉米日均摄入量>500 g的群体，血清FB_1水平较对照组高3.2倍，且与肿瘤标志物呈正相关，其致癌机制主要涉及DNA的甲基化异常。此外，FB_1还造成多数动物免疫功能降低，损害肝脏和肾脏，降低增重，增加死亡率。高浓度的 FB_1 对畜禽和实验动物可引起各种具有种属特异性的毒理作用，如马、兔的贫血、脑坏死、脑白质软化症，猪的肺部免疫力下降，出现肺水肿和心包积液、不孕、呼吸困难、死亡等现象。鼠、羔羊、小牛的肝细胞凋亡和肾毒性，还有肝毒性和致癌效应。可引起家禽食欲降低，免疫力下降。

1.2.7　展青霉素（PAT）

PAT 主要在核果类水果及其加工食品中具有显著的污染风险，被认定为世界果品中最为常见的毒素之一[33]。苹果、梨等果实因机械损伤或贮藏不当引发霉变时，PAT 会在腐烂病灶处快速富集。虽然该毒素水溶性较高（约 50 g/L），但其扩散能力受限于细胞间隙结构，导致污染主要集中于病灶周围 3~5 mm 范围内。PAT 可通过多重途径引发机体损伤。其优先与细胞膜含硫醇基的蛋白质结合，通过诱发氧化应激反应破坏线粒体膜电位，继而导致 DNA 单链断裂和细胞凋亡。长期摄入 PAT 可引起肠道隐窝结构损伤、杯状细胞减少等黏膜病变，并伴随免疫抑制效应。对人类的流行病学调查发现，PAT 暴露与消化系统功能紊乱、神经传导异常及免疫应答失调存在显著相关性，尤其在儿童群体中，因频繁摄入苹果汁等污染食品更易出现中毒症状。PAT 主要具细胞毒性、免疫毒性、神经毒性和遗传毒性，其不仅能引发实验动物肝肾损伤、胚胎发育畸形，更被 IARC 列为Ⅲ类致癌物，即对人类潜在致癌性证据有限但具有动物致癌性[34]。

1.2.8　橘青霉素（CIT）

CIT 主要具有肾脏毒性、肝脏毒性、生殖毒性、细胞毒性和遗传毒性，其多毒性机制对人类及动物健康构成严重威胁[35]。毒理学研究表明，肾脏是 CIT 主要的靶器官。CIT 暴露可导致肾小管上皮细胞空泡化、线粒体嵴结构破坏等超微病理改变，临床表现为肾脏肿大、尿氮/血氮比值异常升高及电解质紊乱。值得注意的是，CIT 与赭曲霉毒素 A（Ochratoxin A，OTA）还具有协同毒性效应，联合暴露可严重损害肾小管细胞。CIT 通过其苯并吡喃酮和羧酸基团与细胞生物分子发生特异性相互作用。肝脏毒性研究中发现，微量的 CIT 即可显著抑制小鼠肝细胞的蛋白表达，同时又可诱导线粒体膜电位崩溃，最终引发细胞凋亡[36]。此外，CIT 对生殖系统具有跨代际的影响。小鼠卵母细胞暴露于 CIT 后，卵母细胞骨架塌陷，线粒体 ATP 合成受到抑制，从而导致胚胎发育阻滞，更严重的会造成生殖细胞畸形。研究表明 CIT 在人体内会通过诱导细胞凋亡以及诱导内质网应激发挥细胞毒性，主要对人体肠胃、肾脏、肝脏和骨髓等细胞功能产生损伤，这可能是造成 CIT 毒性的根本原因。目前 CIT 的遗传毒性受到特别关注，其代谢产物可能解释其与泌尿系统肿瘤的发生相关联。

1.2.9 杂色曲霉毒素（STC）

国际癌症研究机构（International Agency for Research on Cancer, IARC）依据动物实验证据将 STC 列为ⅡB 类级致癌物，即对人类可能致癌的物质[37]。动物实验证实，STC 经口摄入后主要富集于肝脏（占暴露量 62%）、肾脏（23%）及脑组织（8%），可诱导大鼠的肺腺癌发生率升高 4.3 倍，并引发胃黏膜异型增生等癌前病变。STC 还可导致雄性小白鼠肝细胞微粒体中细胞色素和细胞色素还原酶的水平升高，导致肝细胞损伤、坏死和凋亡；降低人食管鳞状上皮细胞白细胞抗原Ⅰ分子表达，导致恶变继而发展为食管癌。除致癌性外，STC 也具有肝脏毒性、肾脏毒性、免疫毒性和遗传毒性等。症状分为急性中毒和慢性中毒，急性中毒主要表现在肝肾坏死，慢性中毒主要表现在肝脏坏死以及肝硬化。STC 在实验动物体内能影响抗原的递呈，细胞免疫因子的分泌，免疫细胞的增殖、凋亡，通过抑制小鼠腹腔巨噬细胞的分泌和表达来降低机体免疫耐受功能。STC 还具有与 DNA 结合的能力，进而引发 DNA 双链断裂，染色体畸变，从而造成大鼠骨髓细胞的急性细胞遗传毒性，使人胃黏膜上皮细胞中的 DNA 发生断裂并累计加重。

1.2.10 交链孢霉毒素（ATs）

ATs 在谷物、果蔬和加工食品中普遍存在，全球小麦、番茄制品污染率分别达 35%和 28%，这类毒素能够产生多种次级代谢产物，其对人以及牲畜具有多种毒性作用。其中，AOH 通过抑制异构酶活性，断裂 DNA 双链，从而诱发人肝癌细胞；AME 则通过线粒体通路激活酶联反应，提高人结肠癌细胞凋亡率。流行病学研究证实，食管癌高发区患者血清 AOH 水平较高，其通过诱导上皮细胞周期停滞和促炎因子异常分泌，与消化道肿瘤发生呈显著相关性[38]。Te A 因其强细胞毒性被美国列入有毒物质登记册，其作用机制涉及抑制核糖体蛋白质合成——体外实验显示，Te A 可降低大鼠肝细胞蛋白质释放效率，并导致艾氏腹水癌细胞存活率下降[39]。动物实验进一步揭示，长期摄入含 50 μg/kg ATs 饲料可致大鼠肝脏结节性增生发生率提高 6 倍，肾脏近曲小管坏死面积扩大至对照组的 4.5 倍。不同 ATs 的毒性及毒理机制存在差异，当人和动物食用被其污染的食物和饲料往往会面临急性、慢性毒性、致畸、致突变性、致癌性和致死性等风险。

1.2.11　恩镰孢菌素（ENNs）

ENNs 与 BEA 作为离子载体型真菌毒素，其毒性源于对细胞膜离子稳态的破坏。这类阳离子化合物可通过嵌入磷脂双分子层形成跨膜通道，显著提高 Na^+、K^+、Ca^{2+}等离子的通透性，干扰细胞电化学梯度。研究证实，微量 ENNs 暴露可使人结肠癌细胞内 Ca^{2+}浓度激增 3.8 倍，激活钙依赖性核酸内切酶，导致 DNA 片段化等典型凋亡特征[40]。同时，其类胆固醇脂酰基转移酶抑制特性，会阻断低密度脂蛋白代谢，引发肝细胞脂质蓄积，造成线粒体嵴结构崩解和 ATP 合成效率下降。ENNs 具有肝脏毒性、遗传毒性和细胞毒性。ENNs 可引发染色体断裂，并具有较强的肝毒害性，BEA 会影响哺乳动物及人类平滑肌收缩功能，同时引发多类细胞凋亡，在对小鼠的实验中发现，其可导致线粒体功能障碍[41]。此外，ENNs 还可能具有致癌毒性和神经毒性的潜力，需要有后续继续开展毒性的研究工作。

常见真菌毒素的毒性作用及限量标准如表 1-2 所示。

表 1-2　常见真菌毒素的毒性作用及限量标准

毒素	毒性作用	污染对象	限量标准
AFB_1	Ⅰ类致癌物 致癌毒性、免疫毒性和致畸毒性	花生、玉米、小麦、稻谷等谷物及其制品	1. 玉米、玉米面（渣、片）及玉米制品、花生及其制品、花生油、玉米油：20 μg/kg 2. 稻米、谷物、大米以及植物油脂（花生油、玉米油除外）：10 μg/kg 3. 其他谷物及其制品、其他豆类及其制品、其他坚果及籽类和调味品：5 μg/kg 4. 特殊膳食用食品（包括婴幼儿食品）中 AFB_1 和 AFM_1：0.5 μg/kg

（续表）

毒素	毒性作用	污染对象	限量标准
OTA	ⅡB 类致癌物 肝脏毒性、肾脏毒性、免疫毒性、遗传毒性、神经毒性和致畸毒性	玉米、小麦、大麦等谷物及其制品	谷物及其制品：5 μg/kg
ZEN	Ⅲ类致癌物 生殖毒性、免疫毒性、遗传毒性和致畸毒性	玉米、小麦、大麦和高粱等谷物及其制品	谷物及其制品：60 μg/kg
DON	Ⅲ类致癌物 细胞毒性、免疫毒性和神经毒性	玉米、小麦等谷物及其制品	谷物及其制品：1 000 μg/kg
T-2	细胞毒性、肠道毒性和免疫毒性	玉米、小麦、大麦及燕麦等谷物及其制品	
FB_1	ⅡB 类致癌物 免疫毒性、细胞毒性和致癌毒性	玉米及其制品	1. 玉米：4 000 μg/kg 2. 玉米面（渣）：2 000 μg/kg 3. 玉米制品：1 000 μg/kg
PAT	Ⅲ类致癌物 免疫毒性、细胞毒性和致癌毒性	苹果、梨等水果及其制品	水果及其制品、饮料类、酒类（苹果、山楂为原料）：50 μg/kg
CIT	肾脏毒性、肝脏毒性、生殖毒性、细胞毒性和遗传毒性	红曲霉发酵食品等红曲制品	
STC	ⅡB 类级致癌物 致癌毒性、肝脏毒性、肾脏毒性、免疫毒性和遗传毒性	花生、玉米及小麦等谷物及其制品	
ATs	免疫毒性、细胞毒性和肾脏毒性	小麦、玉米、花生等谷物及其制品；番茄、苹果等果蔬制品	
ENNs	肝脏毒性、遗传毒性和细胞毒性	小麦、玉米等谷物及其制品	

1.3 不同农产品中真菌毒素的污染差异

1.3.1 黄曲霉毒素（AFs）

AFs 作为全球食品安全的核心威胁，其污染与限量管控呈现显著地域差异。在湿热气候区（年均温>25℃、湿度>80%），玉米、花生等作物中 AFB_1 污染水平可达 1 000 μg/kg，储存期湿度>14%时产毒量激增 8～10 倍。目前的研究显示，AFB_1 在国内各个产粮地均可检出，AFB_1 的检出最大值为 1 909.7 μg/kg，但随着年份增加，检出最大值有所下降。国外粮食中的 AFB_1 检出率令人担忧，最大值高达 26 974 μg/kg，婴儿食品超标率达到 39.6%，特别是发展中国家约 45 亿人口持续暴露于超标风险中[42]。欧盟目前通过分级管控的方式建立最严体系，食品级花生中 AFB_1 的限量为 2 μg/kg，谷物中的 AFs 总量限制在 4 μg/kg，婴幼儿食品中的限值设定为 0.1 μg/kg。美国设定在所有的食品中限值为 20 μg/kg，乳制品中 AFM_1 的限值为 0.5 μg/kg。我国将玉米、玉米面（渣、片）及玉米制品、花生及其制品、花生油、玉米油中的限值同样设定为 20 μg/kg，将稻米、谷物、大米以及植物油脂（花生油、玉米油除外）的限值设定为 10 μg/kg，将其他谷物及其制品、其他豆类及其制品、其他坚果及籽类和调味品的限值设定为 5 μg/kg，同时将特殊膳食用食品（包括婴幼儿食品）中 AFB_1 和 AFM_1 的限值都设定为 0.5 μg/kg，但缺乏对 AFs 总量的限定[43]。

1.3.2 赭曲霉毒素（OT）

OT 的污染范围涵盖谷物（玉米、小麦、大麦）、咖啡、葡萄干等农产品。其中，全球谷物中 OTA 平均污染率为 15%～30%，当储存湿度>14%时，毒素水平可激增 5～8 倍。目前有研究发现，国内面粉中 OTA 的检出率高达 82.5%，虽然最大值只有 4.87 μg/kg，但仍然需要引起重视；在美国的婴儿谷物中有 30%被 OTA 污染，污染范围为 0.6～22.1 μg/kg，其中发生率和浓度最高的是燕麦类婴儿谷物，其次是混合谷物[44]。我国、欧盟和国际食品法典委员会（Codex Alimentarius Commission，CAC）原粮设定统一限值为 5 μg/kg，但欧盟进一步细分加工品类别：成品谷物制品限值 3.0 μg/kg；婴幼儿谷类辅食及医用膳食食品限值 0.5 μg/kg；葡萄酒限值 2 μg/kg（针对发酵过程污染）。我国未区分原粮与成品粮，且未设立婴幼儿食品专项标准。此外，美国未制定谷物 OTA 限量，而欧盟通"从农田到餐桌"体系覆盖 11 类食品，我国仅规范谷物及豆制品。联合国粮农组织/世卫组织食品添加剂联合专家委员会（Joint FAO/WHO Expert Committee on Food Additives，JECFA）基于新毒理数据将 OTA 暂定周耐受摄入量（provisional tolerated weekly intake，PTWI）从 112 μg/kg 体重下调至 100 μg/kg 体重，但我国尚未建立暴露量动态监测体系。

1.3.3 玉米赤霉烯酮（ZEN）

ZEN 广泛分布于种植玉米、小麦、大麦和高粱的农田及粮食副产品中，会导致农作物的大量减产。ZEN 主要于谷物田间生长期积累（占污染总量的 75%～90%），但储存期温湿度失控可导致污染水平升高 3～5 倍。其衍生物在发酵食品（酱油、啤酒）中的检出率高达 32%，且加工过程可能促进毒性更强的代谢物生成。目前，国内外 ZEN 污染的情况非常严重，在近 30 个省份的玉米样本中 ZEN 的检出率高达 59.6%，超标率达 37.2%，最大值为 3.95×10^6 μg/kg，远远超过我国食品安全国家标准规定的 60 μg/kg 限值，国外检出最大值为 2 894 μg/kg。欧盟基于毒理学研究建立分级管控体系：未加工原粮（小麦、稻谷）限值 100 μg/kg，加工玉米制品 100 μg/kg，饲料用玉米放宽至 350 μg/kg，婴幼儿食品执行最严标准（20 μg/kg）。相比之下，我国仅对玉米及其制品设定统一限值 60 μg/kg，未区分原粮与成品粮用途，且未覆盖小麦以外的粮食品种，婴幼儿群体亦缺乏专项保护标准。联合国粮农组织/世卫组织食品添加剂联合专家委员会（Joint FAO/WHO Expert Committee on Food Additives，JECFA）设定 ZEN 及其代谢物总的最大日耐受摄入量（provisional maximum tolerated daily intake，PMTDI）为 0.5 μg/kg 体重/日，但我国尚未将 α-ZOL 等衍生物纳入风险评估。

1.3.4 脱氧雪腐镰刀菌烯醇（DON）

不同国家对谷物食物中 DON 含量制定严格的限量标准。我国对玉米、小麦等原粮设定 DON 限量为 1 000 μg/kg，与国际食品法典委员会（Codex Alimentarius Commission，CAC）的限量（2 000 μg/kg）相比严格减少 50%，而欧盟对原粮未设统一标准，仅要求成品粮符合 750 μg/kg 限量[45]。在面粉、麦片等加工品中，我国与 CAC 均执行 1 000 μg/kg限量，但欧盟将该类产品限值收紧至 750 μg/kg，美国则对终端小麦制品（如面粉、麸皮）提出建议性限值 1 000 μg/kg，与我国现行标准一致。CAC 和欧盟对婴幼儿谷类辅食设定更严格限值（200 μg/kg），而我国尚未对此类产品制定专项标准。联合国粮农组织/世界卫生组织食品添加剂联合专家委员会（Joint FAO/WHO Expert Committee on Food Additives，JECFA）基于毒理学研究，将 DON 及其乙酰化衍生物（3-ADON、15-ADON）视为毒性等效物，设定成组暂定最大日耐受摄入量（provisional maximum tolerated daily intake，PMTDI）为 1 μg/kg 体重/日，急性参考剂量（acute reference dose，ARFD）为 8 μg/kg 体重/日[46]。据此，CAC 将乙酰化衍生物纳入 DON 总量计算，但欧盟认为其天然含量可忽略而未计入，我国目前仍以单一 DON 为检测对象。

1.3.5　T-2 毒素

T-2 毒素及其衍生物 HT-2 主要污染玉米、小麦、大麦及燕麦等作物。欧盟风险评估显示，谷物中 T-2 和 HT-2 的污染率超 20%，其中燕麦污染水平最高（达 550 μg/kg），而我国谷物整体检出率高达 80%，且以玉米、小麦为主要污染载体，防控形势严峻。燕麦及其制品（如谷物片、燕麦粉）是毒素富集的核心品类，其加工产品中 T-2 和 HT-2 平均浓度比原料升高 1.3~1.8 倍。值得注意的是，植物源性膳食补充剂（如麦芽提取物）中检出浓度可达1 200 μg/kg，超出欧盟限量标准 11 倍。欧盟自 2001 年建立全球首个 T-2 和 HT-2 联合管控体系，设定暂定每日耐受摄入量为 0.06 μg/kg 体重，谷物及制品总限值 100 μg/kg，并强制要求燕麦产品标注毒素含量。相比之下，我国现行标准存在显著滞后，仅对动物全价饲料设定 T-2 限值≤0.08 mg/kg，缺乏针对人用谷物的标准[47]。

1.3.6　伏马毒素（FBs）

FBs 作为全球玉米及其制品的主要污染性真菌毒素，其风险评估与限量标准制定已成为国际食品安全焦点。JECFA 于 2001 年首次对 FB_1、FB_2、FB_3 进行系统评估，基于最低可观察效应水平（lowest observable effect level，LOEL）0.2 mg/kg 和安全因子 100，设定三种毒素单独或联合的暂定最大日耐受摄入量（provisional maximum tolerated daily intake，PMTDI）为 2 μg/kg 体重[48]。该评估明确指出，玉米是 FBs 暴露的主要途径，占膳食总摄入量的 85% 以上。目前，国际食品法典委员会（CAC）、欧盟及美国均对玉米制品设定 FBs 限量：CAC 规定 FB_1+FB_2 总量≤2 000 μg/kg；欧盟收紧至玉米粉等加工品≤1 000 μg/kg；美国则针对玉米原料设建议性限值2 000~4 000 μg/kg。我国虽在标准中设定玉米的限值为4 000 μg/kg；玉米面（渣）的限值为2 000 μg/kg；玉米制品 FB_1 限值为1 000 μg/kg，但尚未纳入 FB_2、FB_3 及混合毒素的协同效应评估，而研究表明三者联合暴露毒性可增强 1.8 倍。我国玉米 FBs 污染形势严峻。在近 30 个省份的玉米样本中，检出样品数量为 88 份，占比 93.6%，整体污染水平为 10.9 mg/kg，阳性污染水平为 11.6 mg/kg[49]。全球范围内，墨西哥传统玉米饼中曾检出 8.7 mg/kg 的 FB_1，凸显湿热气候区污染高风险。

1.3.7 展青霉素（PAT）

PAT 污染地域分布广，欧洲、美洲、非洲、亚洲的许多国家均检测出展青霉素。欧洲、美洲及亚洲多国检测显示，苹果汁中 PAT 浓度波动于0.5~1 150 μg/kg，其中腐烂果实病灶处含量可高达1 000 μg/kg，使用霉变原料生产的制品残留量达 0.79~140 μg/kg[50]。根据我国多区域监测数据显示，苹果制品中 PAT 污染呈现显著地域差异。陕西省1 987份苹果汁样本检测结果表明，PAT 污染阳性率高达 97.6%，含量范围 5~78 μg/kg，平均浓度8.44 μg/kg；而东北地区污染水平更为突出，检测值域扩展至 10.3~20.4 μg/kg，平均含量达 22.8 μg/kg。为避免 PAT 危害人体健康，各国均设定食品中展青霉素 PAT 的限量标准。欧盟规定果汁类食品中展青霉素的含量不得超过 50 μg/kg，儿童及婴幼儿食品中不得超过 10 μg/kg。我国和美国则规定果汁及制品中含量不得超过 50 μg/kg，与 CAC 规定的限量相一致[51]。

1.3.8 橘青霉素（CIT）

在红曲霉（*Monascus*）发酵过程中，菌株产毒特性与环境因子（温度、pH）的交互作用导致 CIT 生成量波动显著。监测数据显示，未经筛选的野生红曲霉菌株发酵产物中 CIT 含量可达 8~15 mg/kg，远超各国标准。尤其在小规模传统工艺中，因缺乏在线监测设备，最终产品污染率高达 23%~37%。同时，我国出口红曲米常因欧盟 2 mg/kg 限值与国内 5 mg/kg 标准不匹配遭遇退货。CIT 在红曲制品中含量较高，针对其潜在风险，各国均对红曲制品中 CIT 含量制定了严格的限量标准。我国在液态红曲产品、固态红曲产品的限量分别不能超过 50 μg/kg、1 mg/kg，其中原料为红曲米的限量为 5 mg/kg[52]。相比之下，日本规定红曲色素中 CIT 需低于 0.2 mg/kg，韩国将相关制品阈值压至 0.05 mg/kg。欧盟则对红曲霉发酵食品补充剂的限量设置为 2 mg/kg，这可能与欧洲人群摄入量较低及风险评估模型参数差异相关[53]。

1.3.9　杂色曲霉毒素（STC）

STC 在各种粮食中分布广泛，监测数据显示，花生、玉米及小麦等饲料原料污染尤为突出，全球平均污染率达 15%～28%，其中花生样本最高检出浓度可达 9.33 μg/kg。潮湿环境（相对湿度>70%）更成为 STC 扩散的温床，建筑内天花板、地毯等表面 STC 沉积量可达 120～450 $\mu g/m^2$，形成呼吸道暴露的第二污染源。欧洲食品安全局对 1 259份食品的检测显示，稻米 STC 检出率高达 96%，燕麦中最高浓度达 33 μg/kg[54]。国内调查揭示污染，饼干中 STC 的检出率最高达 68%（0.04～3.99 μg/kg），小麦粉（56%）及燕麦粉（50%）次之，花生样本中 10%检出阳性且最高值达 9.33 μg/kg[55]。值得注意的是，稻谷、大米及小麦粉中 STC 检出率较黄曲霉毒素 B_1（Aflatoxin B_1，AFB_1）高出 11%～31%，污染普遍。尽管 STC 毒性强度仅次于 AFB_1，但我国、欧盟和美国都尚未制定其限量标准，只有少数中东欧国家建立微量标准，例如，斯洛伐克、捷克设定的大米、面粉中 5 μg/kg 的限量。这种空白导致风险评估依赖 AFB_1 参照体系，但两者的毒性机制存在差异，建议建立基于代谢动力学模型的专属限量标准，优先针对高风险食品（稻米、坚果）设定≤5 μg/kg 的限值。

1.3.10　交链孢霉毒素（ATs）

ATs 在全球食品链中形成广泛污染，常常出现多种毒素复合污染的情况。小麦、玉米及其制品是 ATs 污染的主要对象，其中 AOH、AME、Te A等毒素在这些农产品中的检出率较高。监测数据显示，小麦、玉米等谷物污染率高达 35%，番茄、苹果等果蔬制品阳性检出率超 28%，其中Te A的污染水平最为突出[56]。潮湿气候与储运不当加剧毒素扩散，南亚地区雨季收获的花生中 ATs 污染率较旱季提升 3.2 倍。更严峻的是，ATs 可通过加工耐受性残存于终端食品，干燥工艺仅降低毒素量 32%～45%，致使饼干、果汁等深加工产品成为重要暴露源，我国市售苹果汁中 AOH 检出率达 64%（0.5～12.3 μg/kg）。尽管 ATs 被 IARC 列为ⅡB 类致癌物，但全球监管体系严重滞后。目前仅欧盟对婴幼儿食品中Te A设定

50 μg/kg 临时限值，美国虽将 Te A 列入毒性物质清单，却未制定食品限量[57]。我国尚未纳入任何 ATs 指标，行业仅依赖黄曲霉毒素 B_1 的标准进行间接管控，而 ATs 的独立致癌机制使此类参照缺乏科学严谨性。此外，由于国际标准协调性不足，欧盟进口番茄酱要求 Te A≤100 μg/kg，而北美市场允许阈值达 200 μg/kg，年均 3.2 万吨产品因标准冲突滞留港口。

1.3.11 恩镰孢菌素（ENNs）

全球范围内，ENNs 仍处于“监测先行，标准滞后”阶段。欧盟虽建立食品中 ENNs 监测网络，但仅设定推荐性指南值（谷物≤200 μg/kg），缺乏法律约束力。美国、中国等主要农业国尚未启动限量立法，导致国际贸易中出现标准冲突——2022 年欧盟因 ENNs 超标拒收我国出口玉米制品 23 批次。日本对 163 份面粉的检测显示，ENNs 检出率高达 100%，其中进口小麦中 BEA 最高浓度达 85 μg/kg；西班牙市售谷物中 ENNs 和 BEA 的阳性率分别为 73.4%和 32.8%，玉米制品污染尤为突出[58]。此类毒素可通过饲料-动物-人体链式传递，在猪血浆、禽类肝脏及人血样本中普遍检出，德国研究显示人体血液中 ENNs 平均浓度达 1.2 μg/L，具有慢性暴露风险。我国监测数据显示，小麦、玉米及植物油中 ENNs 污染率约 18%~35%，但现行标准尚未将其纳入监管，且检测技术局限。与欧美系统性监测相比，国内研究存在缺乏西部高湿产区数据、慢性动物实验缺失、未建立毒素残留数据库等问题[59]。

参考文献

[1] 于丽娜，王明清，张初署，等. 黄曲霉毒素 B1 降解菌株的筛选及鉴定研究［J］. 食品研究与开发，2018，39（21）：167-171.

[2] 任显凤. 粮油黄曲霉与毒素同步检测及木霉阻控技术研究［D］. 北京：中国农业科学院，2020.

[3] Frantisek M, Vladimir O, Annie P L, et al. Ochratoxin A: 50 years of research［J］. Toxins, 2016, 8（7）: 191.

[4] Dai L H, Niu D, Huang J W, et al. Cryo-EM structure and rational engineering of a superefficient ochratoxin A-detoxifying

amidohydrolase [J]. J Hazard Mater, 2023, 458: 131836.

[5] Tamás K, Miklós P, Manderville R A., et al. Ochratoxin A: molecular interactions, mechanisms of toxicity and prevention at the molecular level [J]. Toxins, 2016, 8 (4): 111.

[6] Qin X, Su X, Tu T, et al. Enzymatic degradation of multiple Major mycotoxins by Dye-decolorizing peroxidase from *Bacillus subtilis* [J]. Toxins, 2021, 13 (6): 429.

[7] Ropejko K, Twarużek M. Zearalenone and its metabolites—General overview, occurrence, and toxicity [J]. Toxins, 2021, 13 (1): 35.

[8] Debora M H, Sung W K. Mycotoxin occurrence, toxicity, and detoxifying agents in pig production with an emphasis on deoxynivalenol [J]. Toxins, 2021, 13 (2): 171.

[9] 徐炜，张玉磊，施妍，等. 真菌毒素降解酶及其在饲料与食品行业中的研究现状 [J]. 食品与生物技术学报，2023，42 (1): 1-17.

[10] 贺烨宇，杨华，杨伟康，等. 谷物及其制品中真菌毒素污染和管控策略研究 [J]. 浙江农业科学，2023，64 (1): 1-8.

[11] 邹广迅，张红霞，花日茂. T-2 毒素的毒性效应及致毒机制研究进展 [J]. 生态毒理学报，2011，6 (2): 121-128.

[12] Adebo O A, Kayitesi E, Njobeh P B. Reduction of Mycotoxins during Fermentation of Whole Grain Sorghum to Whole Grain Ting (a Southern African Food) [J]. Toxins, 2019, 11 (3): 180.

[13] Jeroen W, Hannes M, Michael R, et al. Development and validation of an ultra-high-performance liquid chromatography tandem mass spectrometric method for the simultaneous determination of free and conjugated Alternaria toxins in cereal-based foodstuffs [J]. Journal of Chromatography A, 2014, 1372: 91-101.

[14] 李江，郑香峰，杨振泉. 食品中展青霉素的预防与减除技术研究进展 [J]. 食品安全质量检测学报，2024，15 (11): 151-158.

[15] Li L, Xu N, Chen F S. Inactivation of mrpigH gene in Monascus

ruber M7 results in Increased Monascus Pigments and Decreased Citrinin with mrpyrG Selection Marker [J]. J Fungi, 2021, 7 (12): 1094.

[16] Filho J W, Islam M T, Ali E S., et al. A comprehensive review on biological properties of citrinin [J]. Food and Chemical Toxicology, 2017, 110: 130-141.

[17] 王娅楠. 降解桔霉素酵母菌的筛选及降解机制初探 [D]. 阿拉尔: 塔里木大学, 2024.

[18] 林滉. 粮食中杂色曲霉毒素污染和检测技术研究进展 [J]. 食品安全质量检测学报, 2022, 13 (5): 1634-1640.

[19] 王寒影. 粮食来源真菌毒素产生菌筛选与次级代谢产物研究 [D]. 保定: 河北大学, 2021.

[20] Gotthardt M, Asam S, Gunkel K, et al. Quantitation of six alternaria toxins in infant foods applying stable isotope labeled standards [J]. Front Microbiol, 2019, 10: 109.

[21] 王冉, 李欲轲, 乙引, 等. 链格孢毒素化学结构、毒性效应和检测方法研究进展 [J]. 河南农业科学, 2023, 52 (3): 1-11.

[22] 邢杨, 牛宇敏, 靳玉慎, 等. 超高效液相色谱-串联质谱法测定燕麦粉和小米粉中白僵菌素和恩镰孢菌素 [J]. 食品安全质量检测学报, 2024, 15 (4): 234-241.

[23] 张丹, 刘柏林, 赵紫微, 等. PRiME HLB 柱净化-超高效液相色谱-串联质谱法快速测定果蔬制品中 5 种新型真菌毒素 [J]. 分析化学, 2023, 51 (8): 1343-57.

[24] Namon W, Wonnop V, Awanwee P K. Aflatoxin B1-degrading activity from *Bacillus subtilis* BCC 42005 isolated from fermented cereal products [J]. Food additives & contaminants Part A, Chemistry, analysis, control, exposure & risk assessment, 2020, 37 (9): 1-11.

[25] 姚有莉, 吴国芳, 加曲才让, 等. 霉菌毒素的危害及生物降解策略 [J]. 家畜生态学报, 2024, 45 (11): 1-6.

[26] Alshannaq A, Yu J H, Iriti M. Occurrence, toxicity, and

analysis of major mycotoxins in food [J]. International Journal of Environmental Research and Public Health, 2017, 14 (6): 632.

[27] Ron W, Christian L J. Ochratoxin A: previous risk assessments and issues arising [J]. Food additives and contaminants, 2005, 22 (S1): 6-9.

[28] Kumar M D, Sheetal D, Shikha P, et al. Occurrence, Impact on Agriculture, Human Health, and Management Strategies of Zearalenone in Food and Feed: A Review [J]. Toxins, 2021, 13 (2): 92.

[29] Cao M R, Li Q, Zhang Y, et al. Determination of deoxynivalenol and its derivative in corn flour and wheat flour using automated on-line solid-phase extraction combined with LC-MS/MS [J]. Bulletin of environmental contamination and toxicology, 2020, 107: 1-7.

[30] 李凯琳，余佃贞，刘娜，等. 呕吐毒素生物脱毒研究进展 [J]. 中国食品卫生杂志，2023，35 (4)：630-638.

[31] Chaudhari M, Jayaraj R, Bhaskar A S B, et al. Oxidative stress induction by T-2 toxin causes DNA damage and triggers apoptosis via caspase pathway in human cervical cancer cells [J]. Toxicology, 2009, 262 (2): 153-161.

[32] Tian Y, Zhang D C, Cai P L, et al. Elimination of Fusarium mycotoxin deoxynivalenol (DON) via microbial and enzymatic strategies: Current status and future perspectives [J]. Trends in Food Science & Technology, 2022, 124: 96-107.

[33] Wang Y, Chu T Y, Zhang J X, et al. The dynamic and diverse volatile profiles provide new insight into the infective characteristics of *Penicillium expansum* in postharvest fruit [J]. Postharvest Biol Technol, 2025, 219: 113256.

[34] Kouasseu J C, Xue H L, Bi Y, et al. Effect of ambient pH on growth, pathogenicity, and patulin production of *Penicillium expansum* [J]. Toxins, 2021, 13 (8): 550.

[35] 王娅楠，陈定一，匡林莎，等. 降解桔霉素酵母菌的筛选及降解机理初探［J］. 食品与发酵工业，2025，51（6）：112-119.

[36] Wu J，Yang C L，Yang M R，et al. The role of ER stress and ATP/AMPK in oxidative stress meditated hepatotoxicity induced by citrinin［J］. Ecotoxicol Environ Saf，2022，237：113531.

[37] Tomoya Y，Yoshiko S K，Eiko S，et al. Survey and risk assessment of aflatoxins and sterigmatocystin in Japanese staple food items and the evaluation of an in-house ELISA technique for rapid screening［J］. Food Control，2024，157.

[38] 何国鑫，邓青芳，周欣. 链格孢霉毒素的分析方法及其毒理机制研究进展［J］. 食品工业科技，2018，39（4）：342-346，352.

[39] 闫璐，高贵田，哈益明，等. 谷物中链格孢毒素的研究进展［J］. 核农学报，2017，31（2）：334-341.

[40] Kamyar M，Rawnduzi P，Studenik C R，et al. Investigation of the electrophysiological properties of enniatins［J］. Archives of Biochemistry and Biophysics，2004，429（2）：215-223.

[41] Terje S，Niels L H，Camilla T，et al. Enniatin B and beauvericin are common in Danish cereals and show high hepatotoxicity on a high-content imaging platform［J］. Environmental toxicology，2017，32（5）：1658-1664.

[42] 刘登，余海英，骆姗，等. 国内外粮食中主要真菌毒素污染状况及分析［J］. 粮油仓储科技通讯，2024，40（6）：48-54.

[43] 中华人民共和国国家卫生健康委员会，国家食品药品监督管理总局，2017. 食品中真菌毒素限量：GB 2761—2017［S］. 北京：中国标准出版社.

[44] 徐安琪，秦璐昕，周海燕，等. 上海市售有机和传统面粉中7种真菌毒素的污染状况调查［J］. 中国食品卫生杂志，2024，36（2）：179-185.

[45] 姚远，王兴龙，吕圣吉，等. 谷物及其制品中脱氧雪腐镰刀烯醇及其衍生物快速检测方法的建立及应用［J］. 中国预防医

学杂志，2025，26（2）：177-185.

[46] 尚艳娥，杨卫民. CAC、欧盟、美国与中国粮食中真菌毒素限量标准的差异分析［J］. 食品科学技术学报，2019，37（1）：10-15.

[47] Marijana S，Verica G V，Borka S. T-2 toxin：incidence and toxicity in poultry［J］. Arhiv za higijenu rada i toksikologiju，2008，59（1）：43-52.

[48] Marasas W F，Ronald T R，Katherine A H，et al. Fumonisins disrupt sphingolipid metabolism，folate transport，and neural tube development in embryo culture and in vivo：a potential risk factor for human neural tube defects among populations consuming fumonisin-contaminated maize［J］. The Journal of nutrition，2004，134（4）：711-716.

[49] 栾杰，陈姗姗，林海潮，等. 94 份玉米中 6 类真菌毒素检测及污染情况分析［J］. 粮食与饲料工业，2023（4）：53-58，63.

[50] Sarubbi F，Formisano G，Auriemma G，et al. Patulin in homogenized fruit's and tomato products［J］. Food Control，2016，59：420-423.

[51] 王媛，惠浩，王炜，等. 基于体外模拟的水果中展青霉素的生物可及性、吸收转运和细胞毒性研究［J］. 食品工业科技：1-15.

[52] 中华人民共和国国家卫生健康委员会，国家食品药品监督管理总局，2016. 食品中桔青霉素的测定：GB 5009. 222—2016［S］. 北京：中国标准出版社.

[53] Wu D Y，Yang C L，Yang M R，et al. Citrinin-induced hepatotoxicity in mice is regulated by the Ca^{2+}/endoplasmic reticulum stress signaling pathway［J］. Toxins，2022，14（4）：259.

[54] Mo H G J，Pietri A，MacDonald S J，et al. Survey on sterigmatocystin in food［J］. EFSA Supporting Publications，2015，12（3）：1.

[55] 陈佩榕，曾睿，黄楚蓝，等. 高效液相色谱-串联质谱测定培

养基中柄曲霉素含量［J］. 农产品质量与安全，2025（1）：60-65.

［56］丁寅寅，廖洪梅，张乾坤. 小麦中链格孢霉毒素的研究进展［J］. 现代农业科技，2025（8）：141-146.

［57］吴春生，马良，江涛，等. 链格孢霉毒素细交链格孢菌酮酸的研究进展［J］. 食品科学，2014，35（19）：295-301.

［58］Tomoya Y，Yuiko S，Yoshiko S K，et al. Occurrence of beauvericin and enniatins in wheat flour and corn grits on the Japanese market，and their co-contamination with type B trichothecene mycotoxins［J］. Food additives & contaminants Part A，Chemistry，analysis，control，exposure & risk assessment，2016，33（10）：1620-1626.

［59］赵迪，尹丹阳，胡佳薇，等. 固相萃取-超高效液相色谱-串联质谱法测定大米粉和小麦粉中白僵菌素和恩镰孢菌素［J］. 卫生研究，2023，52（5）：756-761.

第 2 章　农产品中真菌毒素检测技术

农产品中的真菌毒素污染已成为全球性的食品安全问题，这些由真菌产生的次级代谢产物不仅严重威胁人类健康，还造成巨大的经济损失。因此，建立高效、准确的真菌毒素检测技术体系，对保障食品安全和公众健康具有重要意义。理想的检测方法应具备以下特点：高灵敏度、高特异性、操作简便、成本合理，并适用于不同类型农产品基质的检测。

2.1　薄层色谱法（TLC）

薄层色谱是 20 世纪 80 年代至 21 世纪初广泛使用的一种分析方法，是一种较早应用于真菌毒素检测的低成本色谱技术。其基本原理是利用样品中各组分在固定相和流动相中分配系数的差异实现分离。TLC 由纤维素、二氧化硅或固定氧化铝组成的固定相组成，固定相位于由玻璃或塑料制成的惰性基质上，在分离过程中保持分析物的位置。同时，流动相通常为有机溶剂混合体系，如甲醇、乙腈和水的混合物，通过固定相输送样品[1]。TLC 被用于黄曲霉毒素、赭曲霉毒素 A、玉米赤霉烯酮、橘青霉素和展青霉素等毒素的检测，其主要优点是分析成本低，对设备和检测人员要求不高；缺点是灵敏度低、定量检测能力弱，在痕量分析中逐渐被更先进的技术取代。

为了提高 TLC 的分离能力，研究者开发了多种改进技术：二维薄层色谱、高效薄层色谱和高压薄层色谱。国际官方分析化学家协会（AOAC）已发布了多个基于二维薄层色谱来分析复杂基质中的黄曲霉毒素的检测方法（AOAC 980.20 等）[2]。

2.2 液相色谱法（LC）

为了克服薄层色谱技术的局限性，例如，板高有限或温度和湿度的影响，开发了更特异、灵敏和自动化的技术，包括液相色谱、高效液相色谱（HPLC）、超高效液相色谱（UHPLC）等。在液相色谱基础上耦合紫外（UV）、荧光（FLD）、二极管阵列（DAD）检测器或质谱。液相色谱质谱联用仪（LC-MS）或液相色谱荧光检测器（LC-FLD）常用于农产品中真菌毒素的分析。

液相色谱允许同时鉴定多种真菌毒素，无论其化学成分和生物活性如何。流动相和分析柱用于将分析物与基质组分分离，对于高极性、非挥发性和热不稳定的真菌毒素，液相色谱也能被用作分离和测定的方法。与薄层色谱相比，液相色谱在识别真菌毒素方面具有更高的特异性和有效性；然而，它需要更多的资金投入，包括购买适当的设备。

高效液相色谱法是分析各种农产品中真菌毒素污染的标准方法。根据真菌毒素的物理和化学组成，其分析主要依靠高效液相色谱和各种吸附剂。最流行的高效液相色谱检测器是 FLD 或 UV 检测器，这取决于具有发色团的分子，也依赖于质谱或串联质谱。HPLC-FLD 结合高效的提取和净化方法经常被用于真菌毒素的定量分析，尤其是黄曲霉毒素和赭曲霉毒素 A，已经具有天然荧光，无须进一步测试就可以在 HPLC-FLD 中发现。美国分析化学家协会（AOAC）和欧洲标准化委员会（CEN）已采用 HPLC-FLD 方法对谷物中的真菌毒素进行定量分析。目前，HPLC-FLD 方法主要用于单个或一类真菌毒素的检测。对于不同基质（如大米）中 OTA 的检测，HPLC-FLD 是最常用的方法。其他种类的真菌毒素，如伏马毒素 B_1（FB_1），其结构中没有发色基团，需要衍生化。近年来，研究学者也尝试采用 HPLC-FLD 方法同时检测多种真菌毒素，如玉米谷物制品中的 AFs、OTA、ZEN 和 DON，人参和生姜中的 AFs 和 OTA。虽然这些 HPLC-FLD 检测方法具有相对较好的灵敏度和回收率，但其缺点是需要进行大量的前处理和柱前/柱后衍生化。

在过去的 20 年中，LC-MS/MS 用于检测低分子量污染物和残留物的使用有了实质性的增长。MS/ MS 与 LC 联用可提供更好的可靠性和灵敏度。因此，LC-MS /MS 是在解决农产品真菌毒素化学分析问题的优秀标准工具，具有出色的选择性和灵敏度，对分析物的鉴定具有更高的保证，并且可以选择更多的基质[3]。随着非靶向性筛查技术的发展，新型的真菌毒素（未知毒素、在不同农产品基质中新发现的已知毒素）也会随之涌现，高分辨质谱由于其独有的精确质量鉴别能力，成为目前未知物筛查的主流技术。LC-TOF MS 方法主要通过全扫模式下采集高质量准确度、高质量分辨率的全扫描数据，利用化合物的精确质量数与保留时间、同位素强度、同位素分布等信息结合，对复杂基质中的化合物进行定性确认，从而实现在无标准品下真菌毒素的快速筛查。LC-基质辅助激光解吸电离飞行时间质谱法（MALDI-TOF-MS）和超高效液相色谱-四极杆-飞行时间质谱（UHPLC-Q-TOF-MS）也被用于真菌毒素的检测。HPLC 技术的主要缺点是缺乏便携性、不能现场及时检测。

2.3　液相色谱-质谱联用（LC-MS/MS）应用实例[4]

LC-MS/MS 结合了液相色谱的分离能力和质谱的结构鉴定功能，已成为真菌毒素检测的主流技术。本示例采用 LC-MS/MS 分析了中国山东省 321 份板栗样品中的真菌毒素含量，检测了 14 种真菌毒素，包括黄曲霉毒素（AFs：AFB_1、AFB_2、AFG_1、AFG_2）、脱氧雪腐镰刀菌醇（DON）、3-乙酰脱氧雪腐镰刀菌醇（3-ADON）、15-乙酰脱氧雪腐镰刀菌醇（15-ADON）、T-2 毒素（T-2）、玉米赤霉烯酮（ZEN）、赭曲霉毒素 A（OTA）、伏马毒素（FB_1、FB_2、FB_3）和青霉酸（PeA）。

2.3.1　样品采集

在中国山东省的当地市场和超市共采集了 321 个板栗样本。板栗样品（≥1kg）经 60℃烘干、磨碎，过 1 mm 分子筛，经高速粉碎机混合。如果不立即分析，则将样品保存在-20℃。

2.3.2　样品制备和仪器分析

称量 5.0 g 样品转移到 50 mL 聚四氟乙烯（PTFE）离心管中。每管加入 10 mL 乙腈、水和甲酸（79∶20∶1）溶液，置于高速振荡器上 5 min 后，4 000 r/min离心 5 min，每管取上清液 5 mL，加入无水硫酸镁 1 g、氯化钠 0.5 g、C18 粉 0.1 g、柠檬酸钠 0.1 g。涡旋 2 min 快速振荡混合溶液,4 000 r/min离心 5 min。然后将上清液通过 0.2 μm 过滤膜，转移到样品瓶中进行超高效液相色谱串联质谱（UPLC-MS /MS）分析。当发现某些真菌毒素的浓度超出标准曲线范围时，进一步稀释样品。采用 Waters Acquity UPLC 系统与 AB Sciex 5500 三重四极杆串联质谱联用测定 14 种真菌毒素。流动相 A 为含 0.5%甲酸的去离子水，流动相 B 为甲醇。建立了流速为 0.3 mL/min 的二元梯度体系。梯度为：10% B 持续 1 min，从 10%到 30% B 线性增加 3 min，并保持 1 min；从 30% 到 50% B 线性增加 2 min，并保持 1 min；从 50%到 70% B 线性增加 2 min，并保持 1 min；从 70%到 90% B 线性增加 1 min，并保持 1 min；从 90%到 100% B 线性增加 1 min，然后重新平衡柱 1 min。柱温保持在 40℃。质谱仪配备涡轮离子电喷雾电离源，在正离子和负离子模式下工作，参数为：4.5 kV 离子喷雾电压，15 psi 幕气压力，50 psi 雾化器（气体 1）和涡轮（气体 2）气体压力，550℃涡轮加热器温度。使用 Analyst 软件 1.6.2（AB Sciex，Shanghai，China）中的自动功能对不同真菌毒素的聚类势和碰撞能（表 2-1）进行优化。数据采集采用多反应监测模式，以保证足够的点数（每个峰至少 12 个点数）。

表 2-1 质谱法检测 14 种真菌毒素的 MRM 参数

真菌毒素	定量离子对	定型离子对	碎裂电压/V	碰撞电压/eV	保留时间/min
AFB_1 (Aflatoxin B_1)	313/285	313/285	100	30	7.44
		313/241	100	48	
AFB_2 (Aflatoxin B_2)	315/287	315/259	110	35	7.17
		315/287	110	34	
AFG_1 (Aflatoxin G_1)	329/243	329/243	110	35	6.95
		329/200	110	52	
AFG_2 (Aflatoxin G_2)	331/189	331/189	120	51	6.66
		331/245	120	38	
T-2 (T-2 toxin)	484/185	484/185	62	30	9.16
		484/215	45	25	
DON (Deoxynivalenol)	297/249	297/249	80	16	3.43
		297/203	80	21	

（续表）

真菌毒素	定量离子对	定型离子对	碎裂电压/V	碰撞电压/eV	保留时间/min
3-ADON	339/231	339/231	80	15	6.08
(3-Acetyldeoxy-nivalenol)		339/213	80	21	
15-ADON	339/137	339/137	80	15	6.11
(15-Acetyldeoxy-nivalenol)		339/261	80	18	
FB_1	722/334	722/334	130	50	8.64
(Fumonisin B_1)		722/352	130	50	
FB_2	706/336	706/336	130	50	9.93
(Fumonisin B_2)		706/318	130	47	
FB_3	706/336	706/336	20	47	9.18
(Fumonisin B_3)		706/369	38	14	
ZEN	317/131	317/131	-122	-39	9.67
(Zenralenone)		317/175	-107	-14	
PeA (Penicillic acid)	169/110	169/110	-30	-10	4.95
		169/93	-41	-20	
OTA	402/358	402/358	-100	-28	9.80
(Ochratoxin A)		402/167	-100	-48	

2.3.3 方法验证

方法验证和性能的详细数据如表 2-2 所示。对分析方法进行了优化，该方法基于欧盟委员会第 2002/657/EC 号决定（EC 2002）中评估真菌毒素污染水平的指南，并具有类似的验证参数，如检出限（LOD）、定量限（LOQ）、线性（R^2）、基质效应范围（ME）、回收率和相对标准偏差（RSD）。检出限和定量限分别为 0.02～1.00 μg/kg 和 0.10～2.00 μg/kg。所有真菌毒素均呈良好的线性关系（r=0.999 0）。在空白样品中加入 25 μg/kg、50 μg/kg 和 100 μg/kg 三个水平的混合标准工作液，采用加样回收率和相对标准偏差（RSD）反映方法的精密度。日内分析 RSD 值为 0.8～10.2，日间分析 RSD 值为 2.4～9.1，实验回收率为 74.2%～109.5%。所有这些值都在欧盟标准（EC 2002）的可接受范围内。根据观察到的 ME 范围，离子增强（>100%）和离子抑制（<100%）都存在。

因此，使用矩阵匹配的校准曲线来最小化 ME 以进行有效的定量。

表 2-2 精密度和回收率

真菌毒素	精密度（相对标准偏差,%）		回收率（%）		
	日内	日间	低浓度（25 μg/kg）	中浓度（50 μg/kg）	高浓度（100 μg/kg）
PeA	10. 2	7. 6	80. 25±11. 5	91. 11±6. 9	86. 23±3. 8
T-2	2. 9	3. 2	82. 64±6. 3	91. 14±2. 1	103. 78±3. 4
AFB_1	0. 8	2. 4	97. 37±6. 8	78. 28±10. 2	109. 54±1. 0
AFB_2	1. 4	2. 7	80. 92±1. 8	80. 92±1. 8	98. 62±6. 7
AFG_1	3. 7	8. 6	92. 37±10. 1	74. 25±6. 1	90. 12±1. 7
AFG_2	4. 6	3. 9	96. 80±5. 2	75. 27±3. 1	96. 20±8. 4
FB_1	6. 4	4. 8	79. 03±2. 6	82. 87±0. 9	91. 37±2. 1
FB_2	7. 1	8. 4	91. 74±6. 9	87. 81±5. 1	97. 34±0. 7
FB_3	9. 7	9. 1	102. 53±3. 2	92. 09±0. 7	80. 32±1. 2
15-ADON	2. 0	5. 7	100. 23±7. 5	99. 76±1. 5	100. 74±6. 2
3-ADON	3. 4	4. 8	103. 68±3. 4	98. 23±0. 2	84. 70±8. 1
Deoxynivalenol	6. 9	7. 4	95. 64±8. 7	108. 71±1. 8	100. 96±5. 3
OTA	4. 3	6. 7	90. 23±4. 7	96. 14±1. 3	102. 48±7. 2
ZEN	2. 6	3. 9	86. 35±9. 7	100. 19±7. 3	86. 27±6. 5

2. 3. 4 真菌毒素污染情况

表 2-3 总结了板栗样品中真菌毒素检出的数据。14 种真菌毒素中有 11 种检出，56. 4%（181/321）的样本可检测到真菌毒素水平。30. 2%（97/321）的样品中检出 1～4 种不同的 AFs。AFs 阳性样品中有 30 份（9. 3%），AFB_1 含量>2 μg/kg 或 AFB_1、AFB_2、AFG_1 和 AFG_2 的总和>4 μg/kg，超过了欧洲法规标准（EC 1881/ 2006）的最大可耐受水平标准。然而，板栗中真菌毒素的含量并没有限制。

表 2-3　板栗真菌毒素污染情况（n=321）

真菌毒素	检出数（检出率）	平均含量（μg/kg）	最低含量（μg/kg）	最高含量（μg/kg）
AFB_1	26（8.1%）	0.147	ND	6.5
AFB_2	40（12.5%）	0.342	ND	6
AFG_1	59（18.4%）	0.587	ND	5.93
AFG_2	2（0.6%）	0.020 3	ND	4.221
FB_1	32（10.0%）	26.870	ND	2 599
FB_2	65（20.2%）	19.807	ND	1 500
FB_3	20（6.2%）	2.827	ND	278.65
DON	4（1.2%）	0.515	ND	111.8
ZEN	15（4.7%）	8.838	ND	2 791
OTA	62（19.3%）	0.354	ND	10.05
3-ADON	0	-	ND	ND
15-ADON	0	-	ND	ND
T-2	0	-	ND	ND
PeA	6（1.9%）	0.276	ND	66.5

与其他真菌毒素相比，FBs 的检出率最高（24.3%），其污染水平为 2～2 599 μg/kg。FB_1 的最高检出量为 2 599 μg/kg，是所有 FBs 中最高的。PeA 的检出率为 1.9%，污染水平为 2.1～66.5 μg/kg。DON、3-ADON 和 15-ADON 的发生率最低，分别为 1.2%、0 和 0。Donis-Gonzalez 等[5]对储藏新鲜（4℃）板栗中的 DON 进行了研究，发现样品中 DON 的最高检出值为 360.0 μg/kg。19.3%的样品中检测到 OTA，最大值为 10.5 μg/kg。在板栗样品中，ZEN 的检出率为 4.7%，最大值为 2 791 μg/kg，是本研究所有真菌毒素中检出率最高的。ZEN 和 OTA 的平均浓度分别为 8.838 μg/kg 和 0.354 μg/kg，低于 Donis-Gonzalez 等之前的调查结果，他们发现在 4℃储存和收获后 90 d 取样的板栗中，ZEN 和 OTA 的平均浓度分别为 64.9 μg/kg 和 427 μg/kg。如表 2-3 所示，本研究未观察到 T-2、3-ADON 和 15-ADON 污染。山东省板栗样品中含有 FBs 和 Pe A，以及 AFs、ZEN、DON 和 OTA 等真菌毒素。结果表明，真菌毒素污染水平低于

以往调查报告。

2.4 气相色谱法（GC）

气相色谱法是一种流动相为气体的色谱法。差异分析物在两个气相色谱柱阶段之间的划分对气相色谱至关重要。在固定相和流动相之间，样品的多种化学成分被分散。气相色谱法主要利用电子捕获检测器（ECD）、火焰离子化检测器（FID）和质谱（MS）等检测器，在分离过程中发现挥发性化合物。

挥发性真菌毒素，如单端孢菌毒素和展青霉素，已经通过气相色谱（GC）结合 ECD、FID 或 MS 检测器进行了鉴定和定量。然而，该方法可以衍生为一种挥发性足以应用于气相色谱的化学物质，并且对真菌毒素非常敏感和特异性。柱阻塞、不稳定、前后样品的交叉污染以及特定检测器类型的校准曲线的非线性是真菌毒素气相色谱分析中的主要问题[5]。GC-MS 被用于玉米赤霉烯酮、呕吐毒素等毒素的检测。气相色谱分析时应考虑流动相、色谱柱、柱温和检测器等分析条件，找出最佳配比。有荧光的真菌毒素采用荧光检测器；B 类单端孢霉烯族化合物本身不产生荧光，但 C6 位置上有酮基，可配紫外检测器检测。

单端孢菌毒素的 GC 分析方法主要用于分析分子中不含发色基团和荧光基团，或具有弱荧光或弱吸收的真菌毒素。如赭曲霉毒素 A 首先被转化成邻甲基赭曲霉毒素 A 甲醚衍生物，然后用毛细管 GC-NICI-MS 进行鉴定，定量分析时要使用多离子检测器和六氘化赭曲霉毒素 A 甲醚作为内标，MS 电离方法是负离子化学电离。还有一些研究将气相色谱用于农产品中真菌毒素的检测。如在小麦类谷物中发现了 T-2 毒素，在大米类谷物中发现了展青霉素，玉米类谷物中发现了玉米赤霉烯酮。此外，在小麦粉中还发现脱氧雪腐镰刀菌醇和二乙酰氧基旋烯醇。为精确鉴别真菌毒素，开发了 GC-飞行时间质谱分析仪（Time-of-flight mass spectrometer，TOF-MS），被用于分析小麦中的链格孢毒素和麦角生物碱。气相色谱法在其他真菌毒素的检测中应用相对较少，因为大量的真菌毒素是非挥发性和极性物质，需要衍生化将其转化为挥发性衍生物，操作复杂，时间消耗久，特别是在 HPLC 等更简单快速的方法越来越多的情况下人们对气相色谱在真菌毒素分析中的应用关注较少。

2.5　免疫化学分析方法

尽管液相色谱和气相色谱等仪器确证方法均有较好的准确性和精密度，但是需要专业的技术人员、昂贵的大型仪器和复杂的前处理。随着快速检测仪器的小型化和便捷性，基于抗体免疫测定的真菌毒素快速检测方法已经得到迅速发展，包括酶联免疫吸附法（ELISA）、荧光偏振免疫分析（FPIA）、侧流免疫分析法（LFIA）、噬菌体免疫 PCR 等。

2.5.1　酶联免疫吸附法（ELISA）

ELISA 采用抗原抗体复合物与显色底物相互作用的原理，通过分光光度法测定显影颜色获得测量结果，是快速检测和初步定量真菌毒素的重要工具之一。该方法可以在较短的时间内完成大批量样品的分析，特异性强、灵敏度高、成本相对较低。ELISA 易于使用，允许同时检测大量样品，并且检测准确。与 HPLC 或 TLC 等色谱技术相比，它需要更少的样品体积、更少的净化步骤，是一种高通量测试。抗原-抗体复合物与显色底物的相互作用是测试的基础，采用分光光度法分析得到定量结果。除了便携性、快速执行时间和高特异性外，ELISA 试剂盒专为一次性使用而设计，这可能会增加对许多真菌毒素进行筛选分析的成本。此外，无论是单克隆抗体还是多克隆抗体，检测灵敏度可能会有所不同。目前已建立了用于不同农产品中黄曲霉毒素、玉米赤霉烯酮、赭曲霉毒素 A、呕吐毒素、T-2/HT-2 毒素和伏马毒素的 ELISA 检测方法，然而，这种方法确实有明显的缺点，抗体可以与具有相似化学成分的基团发生反应，存在检出结果伴有假阳性、不能准确定量的缺点。

2.5.2　荧光偏振免疫分析（FPIA）

FPIA 利用荧光标记抗原与样品抗原竞争抗体的结合位点，通过测量荧光偏振值的变化进行定量。偏振值与待测物浓度成反比关系，因为结合示踪剂的量与样品中分析物的浓度成反比关系。荧光偏振方法不需要耗费时间的预分析过程，可以缩短分析时间，提高通量，简化检测程序。荧光偏振免疫分析法已被用于鉴定农产品中的多种真菌毒素，包括玉米中的 ZEN、小麦产品中的 DON、玉米中的 AFB_1 和大米中的 OTA[6]。采用同源的高通量多波长荧光偏振免疫分析法（MWFPIA），用不同的染料对DON、T-2毒素、FB_1进行标记，实现玉米中真菌毒素的多重检测[7]。与HPLC法相比，荧光偏振免疫分析法的准确度和灵敏度较低。这很可能是由抗体与农产品基质成分和其他真菌代谢物的交叉反应引起的。

2.5.3 侧流免疫分析法（LFIA）

LFIA是一种低成本、操作简单、基于试纸的检测方法，用于快速识别和定量物质混合物中的各种分析物。侧流免疫测定作为一种信号试剂，标记抗体被用于称为LFIA的膜免疫测定，也称为免疫层析试纸。该过程包括使用类似于多孔纸片的毛细管床来运输分析物，而负责识别感兴趣的分析物的独特元素附着在膜表面的固定部分上。金纳米颗粒（GNPs）历来是产生视觉信号最受欢迎的标签。LFIA已在许多研究中用于检测不同农产品中的真菌毒素。在玉米中检测到了ZEN、T-2毒素和DON。市售LFIA可用于鉴定OTA、ZEN、DON、T-2毒素和AFs。侧流免疫分析方法灵敏、操作简便、样品前处理无须净化。然而，由于各种矩阵的敏感性和可靠性存在一些问题，它们在该领域的应用受到限制。

2.5.4 噬菌体免疫PCR[8]（PD-IPCR）

噬菌体展示技术的发展催生了真菌毒素特异性的噬菌体抗体的出现并将噬菌体介导的特异性抗原-抗体反应融入传统PCR技术，形成了噬菌体免疫PCR检测技术（Phage-mediated immuno-polymerase chain reaction，PD-IPCR）。

2.5.4.1 PD-IPCR技术原理及类型

PD-IPCR的技术基本原理与免疫PCR类似，免疫PCR具体步骤包括：①选择具有分别针对标记物和抗体的双特异性连接分子；②选择能够与抗原-抗体复合物特异性连接的标记物，通常是典型的DNA、RNA、DNA-RNA复合物以及它们的衍生物或类似物等；③PCR的扩增产物通过琼脂糖凝胶电泳、荧光定量PCR等来进行分析。而PD-IPCR技术的基本原理最主要的不同在于标记物分子的选择，PD-IPCR以噬菌体DNA作为标记物分子。在此基础上，目前PD-IPCR已发展的一些不同类型包括噬菌体介导的间接夹心免疫PCR，噬菌体介导的竞争抑制免疫PCR，噬菌体介导的实时定量免疫PCR等。

（1）噬菌体介导的间接夹心免疫 PCR

2006 年，Guo 等[9] 建立的 PD－IPCR 技术检测汉坦病毒蛋白（NP）的研究属于典型的噬菌体介导的间接夹心免疫 PCR。原理如图 2-1 所示。首先加入汉坦病毒蛋白（NP）特异的单克隆抗体 MABL13 作为捕获抗体，捕获抗体固定在固体表面提供反应平台；样品中的靶抗原即汉坦病毒蛋白（NP）被固定的捕获抗体捕获，发生抗原抗体的免疫反应；随后，重组噬菌体颗粒 L13 通过展示的单链抗体（single chain fragment variable，scFv）与结合的靶抗原之间的相互作用锚定，锚定的噬菌体通过热裂解释放 DNA 分子；释放的 DNA 分子用作 PCR 中的扩增模板，并通过检测 PCR 产物来确定靶标抗原的存在。

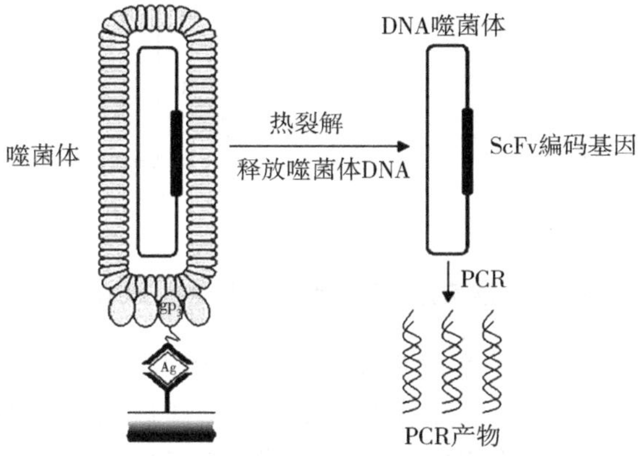

图 2-1　噬菌体介导的间接夹心免疫 PCR 的基本原理

（2）噬菌体介导的竞争抑制免疫 PCR

以 Lei 等[10] 建立的 PD-IPCR 技术检测黄曲霉毒素的方法为例，噬菌体介导的竞争抑制免疫 PCR 的技术原理如图 2-2 所示。首先黄曲霉毒素即抗原分子（Analyte）的单克隆抗体 1C11（Antibody）固定在微孔板，黄曲霉毒素和黄曲霉毒素的抗独特型纳米抗体竞争结合单克隆抗体 1C11，竞争反应结束后，微孔板底结合的噬菌体在加热条件下释放噬菌体 DNA 分子，释放的 DNA 分子作为 PCR 反应中的扩增靶标，扩增反应后荧光定量系统软件会给出不同量黄曲霉毒素对应的 Ct 值，不同量的黄曲霉毒素测定的 Ct 值对黄曲霉毒素的量作标准曲线，再把测定样品中的 Ct 值带入标准曲线即可得出样品中黄曲霉毒素的量。

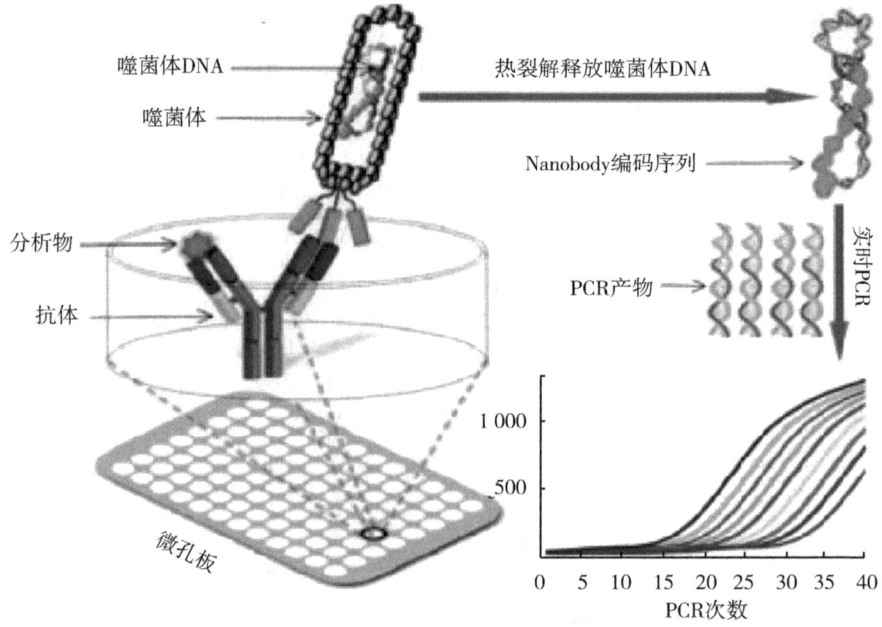

图 2-2 噬菌体介导的竞争抑制免疫 PCR 基本原理

（3）噬菌体介导的实时荧光定量免疫 PCR

PCR 反应结束后，常用的检测方法包括琼脂糖凝胶、放射自显影、实时荧光定量等。其中实时荧光定量可以在反应进行过程中进行累计扩增产物的分析和检测，通过 DNA 结合荧光染料和荧光标记的特异性引物或探针跟踪 PCR 产物，实时在线监控反应过程，结合相应的软件分析产物，可计算待测样品模板的初始浓度。2012 年 Monjezi 等[11]发表了依赖荧光标记的特异性探针（Taq Man）的噬菌体介导的实时荧光定量免疫 PCR 检测肝炎病毒侵染的标志性抗原（The core antigen of hepatitis Bvirus，HBc Ag）的研究报道，用不同量的 HBc Ag（0 ng，1 ng，5 ng，10 ng，100 ng，250 ng，500 ng）与噬菌体展示抗体发生免疫反应，反应结束以后，噬菌体 DNA 标记物分子在含有 Taq Man 反应系统中扩增，扩增反应后荧光定量系统软件会给出不同量 HBc Ag 对应的 CT 值，用不同量测定的 CT 值作为标准，再把测定样品中的 CT 值与该标准对比即可得出样品中 HBc Ag 的量，实验结果显示最低可检测到 10 ng 的 HBc Ag。2007 年，Yu

等[12]用噬菌体介导的实时荧光定量免疫 PCR 的方法检测了多发性硬化症中的免疫球蛋白，结果证明该方法在灵敏度和特异性方面显著优于 ELISA 技术方法。噬菌体介导的实时荧光定量免疫 PCR，国际学术上称之为 Real-Time PD-IPCR。除上述几种类型外，对 PD-IPCR 技术还有一些在其他方面的探索性研究。Zhang 等[13]在 Chem-Comm 发表了用抗体标记天然噬菌体，用于免疫 PCR 试验的研究中，他们将天然的噬菌体 T7，经双功能交联剂 Sulfo-SMCC 对其表面进行活化，与巯基化的抗体交联，制成噬菌体-抗体复合物，这样做的目的就是希望噬菌体能够作为通用标记物用于免疫 PCR 试验，并证明了天然噬菌体介导的免疫 PCR 作为一种免疫技术是完全可行的，并具有很高的灵敏度。2011 年 Kim 等[14]建立了实时 PCR 分析噬菌体-抗原抗体复合物（phage anti-immunocomplex assay real-time PCR，PHAIA -PCR）非竞争检测苯氧基苯甲酸等小分子污染物的方法，即先将一段短的肽环展示到噬菌体表面，然后该多肽特异性绑定到抗原抗体复合物上，这样就可以非竞争地检测小分子物质，并且方法灵敏度比传统 ELISA 提高 10 倍，这是第一次将 PD-IPCR 技术用于小分子物质的检测。

2.5.4.2　PD-IPCR 技术关键实验方法

从 PD-IPCR 基本原理不难看出，PD-IPCR 技术基本流程包括：①抗原抗体免疫识别反应，类似传统的免疫 PCR 反应；②特异性识别抗原的噬菌体释放出扩增靶标 DNA 分子；③PCR 以及结果显示分析，即通过 PCR 扩增噬菌体 DNA 分子，再利用显示系统表识结果。

（1）抗原-抗体免疫识别反应中固相载体的选择

抗原-抗体免疫识别反应中固相载体的选择不仅是 PD-IPCR 技术要面临的，在免疫 PCR 中也存在同样的选择问题。固相载体的材料很多种，常见的材料有聚苯乙烯、聚氯乙烯、聚丙烯、纤维素等，它们都能非特异性吸附蛋白质。因聚苯乙烯价格低廉、对蛋白的吸附能力强，是目前免疫反应中应用最广泛的一种固相载体材料，如 ELISA 微孔板，但不能满足 PCR 中的高温要求；由于聚丙烯耐高温、导热性能好的特点，目前市售各种 PCR 反应板一般为聚丙烯材质，但这种微孔板表面经过一定的处理，来减少对核酸酶等的吸附，造成这种材料的 PCR 微孔板对蛋白质的吸附性能远不如聚苯乙烯材质的微孔板，不能满足免疫反应条件。因此，聚苯乙烯微孔板和聚丙烯 PCR 板均不能同时满足 PD-IPCR 中免疫反应和 PCR

反应条件。聚碳酸酯（PC）微孔板，具有透明度高、质轻、抗冲击、耐高温等特点，可以通过共价结合的方式结合蛋白，因而具有很好的蛋白吸附性能且满足 PCR 反应中的高温要求，可以使抗原抗体的免疫反应和 PCR 反应在同一个反应载体上进行。但是基于 Taq Man 荧光染料标记探针等的 PD-IPCR 技术要求 PCR 反应板非透明，因此在一定程度上也限制了 PC 微孔板的应用。Chang 等[15]利用聚碳酸滴定板作为载体，因为这一载体对蛋白吸附性能好，能耐高温，使得整个操作过程，包括免疫反应及 PCR 扩增均可在同一固相载体上完成，结果检测大肠杆菌 β-葡萄糖苷酶的检出限为 1×10^{-17} g/mL，而且整个过程可以实现自动化，为 PD-IPCR 技术的推广应用奠定了基础。

（2）扩增靶标——噬菌体 DNA 分子的转移方法

若使用聚苯乙烯微孔板作为抗原抗体的免疫反应载体，抗原包被效果好，洗板等操作方便，但是抗原抗体的免疫反应结束后，需要将结合的噬菌体转移至 PCR 管中，从而获得扩增靶标。目前转移的方法主要有两种。一是 95℃水浴法。免疫反应结束后，在微孔板中，每孔 50 μL 的双纯水，然后 95℃水浴加热 10~15 min，将微孔板中孔底结合的噬菌体 DNA 洗脱出来。二是甘氨酸-盐酸缓冲液洗脱法。免疫反应结束后，每孔内加入 100 μL 的甘氨酸-盐冲洗液（0.2 mol/L，pH 值 2.2），37℃条件下温浴 15 min 后，洗出液立即用 Tris-HCl 缓冲液（2 mol/L，pH 值 9.3）中和洗出液至洗出孔底结合噬菌体。但是由于噬菌体本身具有较强的吸附性，未特异性结合的噬菌体会粘连在微孔管壁，在洗脱过程中具有被洗脱下的可能；而洗脱过程中，微孔管的管底特异结合的噬菌体洗脱的不彻底，在洗脱的过程具有洗不下来的可能；移液过程中移液的不准确性等都增加了出现误差的可能性。1999 年徐平西等[16]首次利用戊二醛交联剂处理 PCR 管内壁，将蛋白质高效率包被在 PCR 管内壁，从而实现免疫反应及 PCR 反应在同一管中连贯地进行，实现单管兼容性操作。之后部分学者采用该反应管作为固相载体，先把 PCR 反应管通过戊二醛浸泡或紫外线照射，然后进行抗原包被，经过戊二醛等处理的 PCR 管，既获得了较好的包被效果，又保证了 PCR 管在 PCR 反应中的优点；但在抗原-抗体反应时需要单管操作，特别是在洗涤时费时费力，多数情况下不能用自动洗板机洗板，需要人工操作。无论是 95℃水浴高温处理，还是甘氨酸-盐酸缓冲液强酸环境洗脱，还是用戊二醛浸泡或紫外线照射处理 PCR 管内壁，至今没有这些不同方法的灵敏度、准确性的考量标准，无法说明哪种方法优势性更强，研究者多根据不同的实验要求及个人实验条件选择不同的实验方法。

（3）减少非特异性结合，提高PCR结果的准确性

免疫反应中的非特异性结合，使PD-IPCR检测系统产生较高的背景信号，从而产生假阳性结果。优化包被液、封闭液及洗涤液，降低样品基质效应是减少非特异性结合的有力方法。包被液一般用碳酸盐缓冲液或磷酸盐缓冲液（PBS）。在封闭液和洗脱液的选择中，多数研究者使用PBST［10 mmol/L磷酸盐包含0.05%（v/v）Tween-20的PBS］中添加3%的BSA（牛血清蛋白）或PBST中添加3%的脱脂奶粉作为封闭液，Yu等[12]研究表明封闭液和洗涤液使用含0.05%的Tween-20的磷酸盐缓冲液具有更好的封闭和洗脱效果，有研究表明封闭液中添加适量Tween-20，洗涤液中添加适量十二烷基硫酸钠（SDS）能得到最好的实验效果。也有研究者在PBS中添加3%的卵清白蛋白（OVA）和0.1 mmol/L的乙二胺四乙酸（EDTA）作为封闭液，还有研究证明实时免疫PCR检测六氢化萘（naphthalene）时，PBST中添加3%的OVA具有更好的封闭效果。因此，研究者应根据不同的检测需求及检测抗原的特点选择最佳的封闭液和洗涤液。由于样品提取液中一些成分对抗原抗体的反应会产生影响，基质效应普遍存在于免疫检测过程中，稀释样品提取液可减少基质效应，但过多的稀释会影响实验结果的准确性；应用液液萃取免疫亲和柱和多功能净化柱等也可以降低基质效应，但是这些处理过程复杂，成本昂贵。

2.5.4.3 PD-IPCR在真菌毒素检测中的应用实例——抗独特型纳米抗体噬菌体介导的实时免疫PCR同时定量检测谷物中总黄曲霉毒素和玉米赤霉烯酮[17]

PD-IPCR技术已成功用于黄曲霉毒素、玉米霉烯酮和赭曲霉毒素A等的检测。本示例利用V_{2-5}和$V_{8\#}$噬菌体展示了VHH抗独特型纳米体，并建立了同时检测谷物中总黄曲霉毒素和玉米赤霉烯酮的PD-IPCR方法。与传统方法相比，这种方法具有更高的灵敏度和高通量分析等优点，并且不需要昂贵或专门的设备。

（1）抗独特型纳米噬菌体的制备

将噬菌体提前转移到大肠杆菌ER2738中，保存于-70℃。将重组大

肠杆菌细胞接种于 SB-氨苄西林（含 50 μg/mL 氨苄西林）液体培养基中，培养至 OD_{600} 达到 0.5~0.6。用辅助噬菌体 M13K07 感染重组大肠杆菌，孵育 12 h 后，收集噬菌体颗粒，分散于含有 0.02%（m/v）叠氮化钠和 0.5%（m/v）BSA 的 PBS（10 mM 磷酸钠缓冲液，含 137 mM NaCl 和 2.68 mM KCl，pH 值 7.4）中。最后，通过测定噬菌体形成单位（pfu）对噬菌体颗粒进行滴定，并在-20℃保存。

（2）抗体和纳米体噬菌体浓度的优化

抗体和纳米体噬菌体浓度的优化使用棋盘滴定方案进行。首先，将山羊抗小鼠 IgG 在 PBS 中稀释至终浓度为 10 μg/mL，然后在 96 孔聚苯乙烯微滴板上包被抗体，在 4℃下过夜。次日，每孔用 PBST［10 mmol/L 磷酸盐包含 0.05%（v/v）Tween-20 的 PBS］洗涤 3 次，并用 300 μL 奶粉溶液［PBST 中 5%（w/v）］在 37℃下封闭 45 min。随后，将 mAb 1C11 在 PBS 中稀释（0.50 μg/mL、1.25 μg/mL、2.50 μg/mL 和 5.00 μg/mL），并将指定的溶液 100 μL 加入孔中，在 37℃下放置 1 h。将板清洗三次。将 V_{2-5} 噬菌体在 PBS 中分别稀释至 5.0×10^{10} pfu/mL、2.0×10^{10} pfu/mL、1.0×10^{10} pfu/mL、0.5×10^{10} pfu/mL，取所选噬菌体溶液 100 μL 加于板上，37℃静置 1 h。37℃下，每孔加入 100 μL 甘氨酸/盐酸缓冲液（0.2 M，pH 值 2.1，含 1% BSA），PBST 洗涤 10 次，洗脱结合的 V_{2-5} 噬菌体。用 2 M Tris-base（pH 值 9.1）中和后，洗脱的噬菌体作为 DNA 模板进行 PCR 扩增。同时稀释 4 种浓度的 mAb 2D3（2.5 μg/mL、5.0 μg/mL、7.5 μg/mL 和 10 μg/mL），制备一系列浓度的 $V_{8\#}$ 噬菌体（10×10^{10} pfu/mL、5.0×10^{10} pfu/mL、2.5×10^{10} pfu/mL 和 0.5×10^{10} pfu/mL），使棋盘滴定法（4×4 杂交混合物和对照、空白和阴性）能够进行三次检测。

两种抗体固定形式的比较：在以上研究中，山羊抗小鼠 IgG 包被 96 孔聚苯乙烯微孔板，捕获单抗 IC11 和单抗 2D3。为了进行比较，微孔板涂有单克隆抗体（IC11 + 2D3）。随后的实验表明，单抗包被方案对 AFB_1 的 LOD（0.18 ng/mL）比山羊抗小鼠 IgG 包被方案高 6 倍（LOD = 0.03 ng/mL）。此外，对于玉米赤霉烯酮，数据不稳定，在单抗直接包衣的情况下，线性范围（1.24~5.76 ng/mL）更窄。这些结果表明，使用山羊抗小鼠 IgG 增强了信号，最终提高了检测灵敏度和线性范围。单克隆抗体的直接固定化需要一个变性步骤，该步骤降低了抗体的亲和力，并产生了具有可变、可及性的不规则结合位点层：对某些位点的访问受阻，限制了可获得的最大信号，而其他位点则是可获得的低分子质量分析物（真菌毒素），而不是高分子质量分析物（VHH 噬菌体），限制了敏感性。因此，通过二抗间接固定抗体的好处可以通过增加纳米噬菌体结合的单抗位点来解释。

由于实时 PCR 扩增的敏感性，PD-IPCR 的要求明显高于传统 ELISA。我们优化了单克隆抗体（mAb 1C11 和 2D3）和纳米噬菌体（V_{2-5}和 $V_{8\#}$）的浓度，以提高方法的准确性和特异性。确定最佳浓度选择的原则旨在确保阳性 Ct 值较低。最低的 Ct 值保证了较宽的线性范围和较低的检测限。Ct 值（图 2-3）验证了噬菌体和单克隆抗体的最佳最终工作浓度的选择。因此，选择 1.25 μg/mL mAb 1C11、2×10^{10} pfu/mL V_{2-5}噬菌体、7.5 μg/mL mAb 2D3 和 5×10^{10} pfu/mL $V_{8\#}$噬菌体为最佳选择。

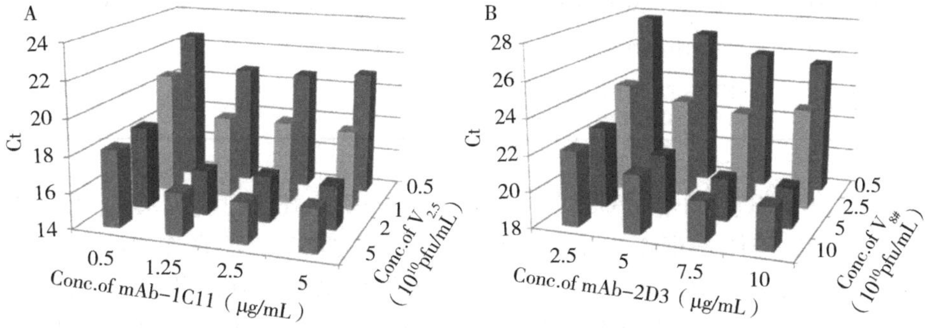

图 2-3　（A）mAb-1C11 和纳米体噬菌体 V_{2-5}的浓度优化结果；（B）mAb-2D3 和纳米噬菌体 $V_{8\#}$的浓度优化结果。Conc. 是浓度的缩写。

（3）同步免疫反应

采用双重直接竞争免疫分析法。V_{2-5}噬菌体与黄曲霉毒素竞争捕获 mAb 1C11，而 $V_{8\#}$噬菌体与玉米赤霉烯酮竞争捕获 mAb 2D3。将单克隆抗体 1C11 和 2D3 混合并在 PBS 中稀释至最佳浓度，在 37℃下，每孔中加入 100 μL 的混合物，涂覆并密封。将噬菌体（V_{2-5}和 $V_{8\#}$）以最佳浓度稀释混合，并与等体积的黄曲霉毒素和玉米赤霉烯酮混合标准品在不同浓度的 10%甲醇/PBS（v/v）中混合。将最终的 100 μL 混合物加入孔中，在 37℃下孵育 1 h，清洗 10 次，噬菌体洗脱和中和。洗脱和中和后，将收获的 V_{2-5}和 $V_{8\#}$噬菌体作为模板以备双重实时 PCR 扩增。

（4）实时 PCR 优化

采用了两种引物/探针系统。一种检测黄曲霉毒素系统；另一种是玉米赤霉烯酮。该系统基于编码抗独特型纳米抗体的相应特异性 DNA 序列（表 2-4）。探针在 5′端使用标记染料 FAM 或 HEX 标记，在 3′端使用非荧光小沟结合猝灭剂（BHQ1）标记。

表 2-4　用于双重实时 PCR 的引物和探针系统

引物探针	序列（5′to 3′）	温度（℃）	扩增子（bp）	工作浓度（μM）	靶基因
2-5-primer 1	GTGGTAGCACAAACTATG	49.5	131	0.2	Phage V_{2-5}
2-5-primr2	GGCTGCACAGTAATAAAC	50.2		0.2	
2-5-probe	FAM - CCGATTCACCATCTC-CAGAGACA-EHQ1	60.2		0.3	
8#-primer1	CGACCTCACTATCTTGTAC	53	93	0.3	Phage $V_{8\#}$
8#-primer2	TTGGTGTCTTGGGTTCTG	52.6		0.3	
8#-probe	HEX-TAGCTGGccCGTATGAC-TACT-BHQ1	57.6		0.3	

实时 PCR 检测采用 CFX96™实时 PCR 系统。在进行双重实时 PCR 之前，每个扩增体系都作为单重检测被优化。优化后，将两个 PCR 结合，形成双重实时 PCR，并进行少量修改。为优化双重反应，将 8 μL 模板溶液（含 V_{2-5}和 $V_{8\#}$）混合在含有两种引物/探针体系（表 2-4）的 PCR 原液中，10 μL 1 × iTaq 通用探针预混液，外加 1.5 U iTaq。加入双倍蒸馏水，使体积达到 20 μL。在 95℃孵育 5 min 后，根据以下温度进行 40 次 PCR 循环：95℃ 10 s，58℃ 35 s。

实时 PCR 扩增完成后，仪器使用默认参数自动计算周期阈值（Ct），周期数等于定量周期（Cq）。通过绘制 Cq 值与真菌毒素标准浓度的关系（log10），构建黄曲霉毒素和玉米赤霉烯酮的标准曲线；采用 OriginPro9.0 软件进行四参数逻辑回归。用 IC_{50}（半最大抑制）和 IC_{10}分别计算灵敏度和检出限（LOD），用 IC_{20} ~ IC_{80}计算线性范围。

双重实时 PCR 效率评价结果：将 V_{2-5}和 $V_{8\#}$噬菌体颗粒在水中混合并稀释 10 倍至 10^3 ~ 10^{10} pfu/mL 的最终浓度，以评估扩增效率。每种混合物（8 μL）加入双重实时 PCR 反应体系中。放大数据如图 2-4A 所示。根据噬菌体浓度的对数绘制平均 Ct 值和标准差（图 2-4B）。利用扩增校准曲线确定效率（E），公式为：$E=(10^{1/-slope}-1)\times 100\%$。如图 2-4B 所示，对于 V_{2-5} 和 $V_{8\#}$ 噬菌体，线性拟合得到的斜率分别为-3.2 和-3.4。利用相同的公式，计算出 V_{2-5} 和 $V_{8\#}$ 噬菌体的扩增效率分别为 104%和 96%。因此，V_{2-5} 和 $V_{8\#}$ 噬菌体的最低检测浓度为 10^3 pfu/mL，扩增效率分别<105%和>95%。除了高灵敏度，用于目标检测的双重实时 PCR 方法应该具有特异性。因此，在每次单链检测中计算 V_{2-5} 和 $V_{8\#}$ 噬菌体的扩增效率。双重和单重分析的效率和最低检测浓度相似，表明引物和探针与该方法兼容。

（5）样品分析

在当地市场购买玉米、大米、花生和（动物）饲料样品，采用高效液相色谱法进行分析。饲料的主要成分为 65%的玉米、15%的豆粕、1%的盐以及其他物质，如氨基酸和矿物质。检测中心保存的天然污染小麦和玉米样品（n=30）作为验证样品。所有的样品都使用研磨机进行研磨。

PD-IPCR 样品的制备方法如下：取 5.0 g 磨碎样品，用 15 mL 甲醇：水（70∶30，v/v）提取，在摇床中以 250 r/min 摇匀 15 min，高速混合 2 min；然后，样品在室温下（5 000 g/min）离心 5 min。通过两张滤纸过滤后，将 1 mL 滤液用水稀释 7 倍，放置以研究基质效应。剩余提取物用 4% BSA/PBS（w/v）稀释 7 倍，加入黄曲霉毒素 B_1 和玉米赤霉烯酮标准品进行回收率分析。采用类似的程序提取自然污染的样品，用于后续的 PD-IPCR。提取后，小麦样品提取液用 4% BSA/PBS（w/v）稀释 7 倍，玉米样品提取液加入 2/3 体积石油醚脱脂，再用 4% BSA/PBS（w/v）稀释 7 倍，稀释后的样品在免疫反应方案中直接代替黄曲霉毒素和玉米赤霉烯酮标准品。

由于抗体和酶都是生物试剂，所以基质会影响抗体的特异性和酶的活性。在某些情况下，样品制备（过滤或提取）、使用牛血清白蛋白（BSA）、调整样品的 pH 值或使用抗体片段而不是整个 IgG 已被证明可以大大减少基质干扰。为了评估基质效应，提取空白样品并用蒸馏水稀释至 10%甲醇。然后，将黄曲霉毒素 B_1 和玉米赤霉烯酮标准品稀释到样品提取物和 10%甲醇/PBS 缓冲液中，形成 100~0.005 ng/mL 的系列浓度。分别在浓度为 100 ng/mL 和 0.005 ng/mL 时获得最大和最小 Ct 值（图 2-5B

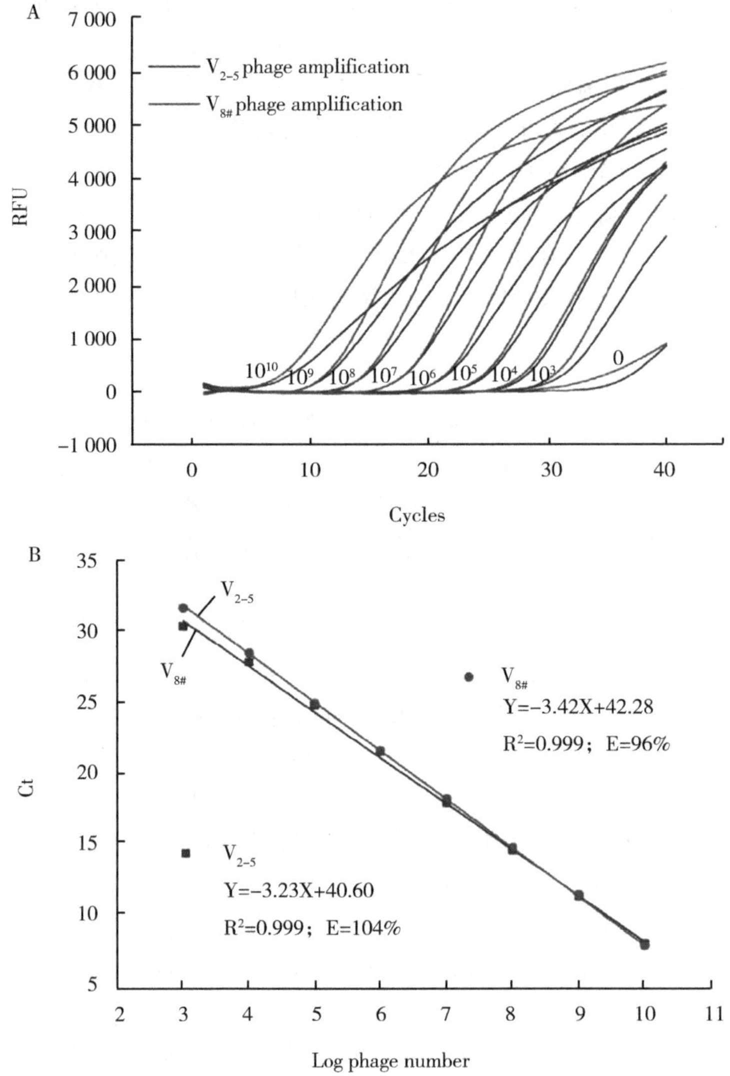

图 2-4　双链实时 PCR 扩增效率的测定

（A）噬菌体颗粒 10 倍连续稀释（10^{10} pfu/mL、10^9 pfu/mL、10^8 pfu/mL、10^7 pfu/mL、10^6 pfu/mL、10^5 pfu/mL、10^4 pfu/mL、10^3 pfu/mL）的双重实时 PCR 扩增，RFU 表示相对荧光单位；（B）$V_{8\#}$和 V_{2-5}的放大效率标准曲线，每个数据点是三个独立测量值的平均值，E 表示放大效率。

和图 2-5D)。10%甲醇/PBS 缓冲液与样品的 ΔCt 值(图 2-5A 和 C)比较表明,样品基质对黄曲霉毒素 B_1 和玉米赤霉烯酮的检测有显著影响。玉米和饲料基质的 ΔCt 值显著降低,表明基质效应强,导致该方法的线性范围最窄。为了消除基质效应,提取液用 4% BSA/PBS(w/v)稀释 7 倍至甲醇浓度为 10%。这基本上消除了基质的干扰,除了玉米。为了降低玉米中的基质效应,将这些提取物加入 2/3 体积的石油醚进行脱脂处理。脱脂后,干扰明显减少。在随后的分析中,小麦、水稻和饲料提取液分别用 4% BSA/PBS(w/v)稀释 7 倍,玉米提取液脱脂后用 4% BSA/PBS(w/v)稀释 7 倍。

①双重 PD-IPCR 检测的灵敏度

在 10%甲醇/ PBS 中黄曲霉毒素 B_1、B_2、G_1 和 G_2 的标准曲线如图 2-6A 所示。该方法对黄曲霉毒素 B_1、B_2、G_1 和 G_2 的敏感性(IC_{50})分别为 0.43 ng/mL、0.45 ng/mL、1.22 ng/mL 和 3.41 ng/mL。有报道,mAb 1C11 对黄曲霉毒素 B_1、B_2、G_1 和 G_2 的敏感性分别为 1.2 pg/mL、1.3 pg/mL、2.2 pg/mL 和 18.0 pg/mL。这些结果表明,不同的黄曲霉毒素的不同敏感性可归因于 1C11 亲和力。这意味着 PD-IPCR 方法的敏感性部分取决于抗原-抗体结合的亲和力。为了确定黄曲霉毒素总量,根据黄曲霉毒素 B_1、B_2、G_1 和 G_2 在天然样品中的出现频率,按 1.0∶0.1∶0.3∶0.03 的比例配制黄曲霉毒素标准品。总黄曲霉毒素和玉米赤霉烯酮(在 10%甲醇/PBS 和小麦、水稻、玉米和饲料基质中)的标准曲线分别如图 2-6B 和图 2-6C 所示。小麦、水稻、玉米和饲料基质中总黄曲霉毒素的 LODs(等于 IC_{10})分别为 0.05 ng/mL、0.03 ng/mL、0.03 ng/mL 和 0.05 ng/mL。玉米赤霉烯酮在小麦、水稻、玉米和饲料基质中的检测检出限分别为 0.14 ng/mL、0.09 ng/mL、0.14 ng/mL 和 0.10 ng/mL。我们新方法的 LOD 大大低于之前报道的免疫层析分析[18],与免疫芯片方法具有相同的数量级,并且显著低于 HPLC 方法。此外,总黄曲霉毒素的线性范围(IC_{20}~IC_{80})在小麦中为 0.09~2.7 ng/mL,水稻中为 0.14~6.1 ng/mL,在玉米中为 0.1~5.7 ng/mL,在饲料基质中为 0.04~6.9 ng/mL。玉米赤霉烯酮在小麦、水稻、玉米和饲料基质中的线性范围分别为 0.43~14.2 ng/mL、0.28~10.4 ng/mL、0.39~8.7 ng/mL 和 0.48~8.8 ng/mL。

②双重 PD-IPCR 检测的特异性

每种真菌毒素的检测不应受其他真菌毒素的影响。为了同时检测

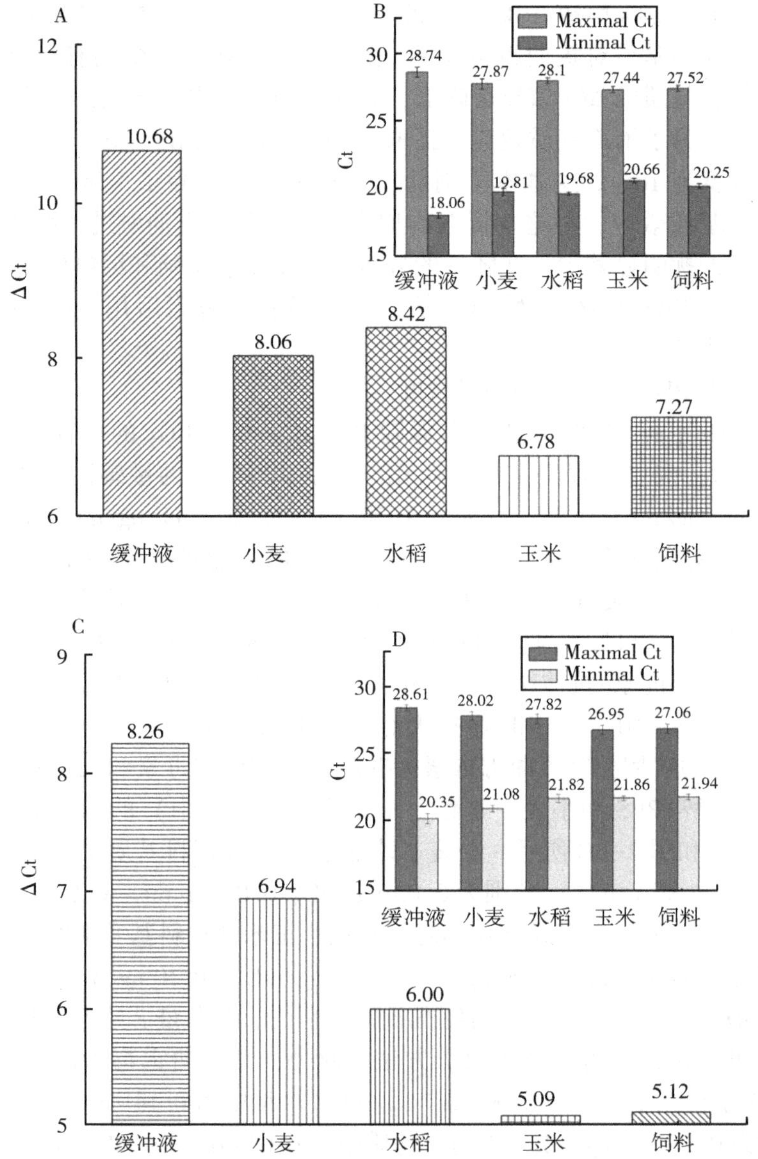

图 2-5　小麦、水稻、玉米和饲料样品对 AFB_1 和玉米赤霉烯酮检测的基质效应

（A）各样品 AFB_1 检测的 ΔCt 值和（B）最大与最小 Ct 值的比较；（C）玉米赤霉烯酮检测各样品的 ΔCt 值和（D）最大与最小 Ct 值的比较。

总黄曲霉毒素和玉米赤霉烯酮，评估双重 PD-PCR 检测的特异性很重要。抗黄曲霉毒素、抗玉米赤霉烯酮单克隆抗体和抗独特型纳米噬菌体 V_{2-5}和 $V_{8\#}$的特异性和缺乏交叉反应性已被证实。这些结果表明每个抗体都是特异性的。此外，研究还评估了实时双重 PCR 中引物/探针系统的特异性，如双重实时 PCR 效率评价结果所述。这些评价表明，双重 PD-IPCR 对黄曲霉毒素和玉米赤霉烯酮具有特异性，表明该方法在同时定量黄曲霉毒素和玉米赤霉烯酮总量方面具有潜在的适用性（图 2-6）。

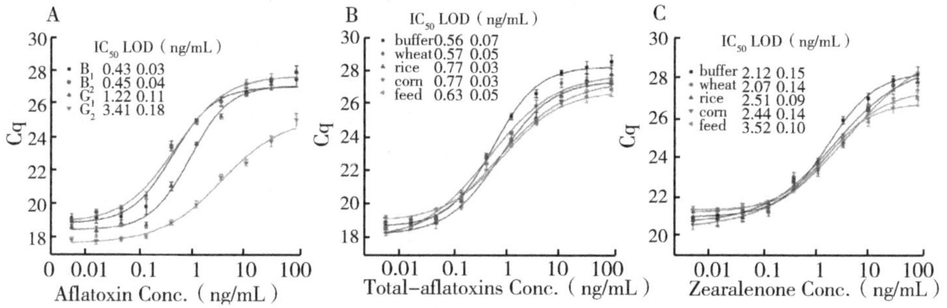

图 2-6　双重 PD-IPCR 生成黄曲霉毒素和玉米赤霉烯酮的标准曲线

（A）10%甲醇/ PBS 中黄曲霉毒素 B_1、B_2、G_1 和 G_2 的标准曲线；（B）谷物中总黄曲霉毒素和（C）玉米赤霉烯酮的标准曲线。三次测定定量标准，生成曲线。

③双重 PD-IPCR 测定的准确性和重现性

为了验证双重 PD-IPCR 方法的准确性和重复性，在空白样品中加入总黄曲霉毒素（5 μg/kg、20 μg/kg 和 100 μg/kg）和玉米赤霉烯酮（10 μg/kg、50 μg/kg 和 100 μg/kg）。在同一天进行三次测定，以评估测定日内的精度，并在不同的 5 d 测定日间的精度。如表 2-5 所示，总黄曲霉毒素和玉米赤霉烯酮的回收率分别为 80%～118%和 76. 7%～111%。检测日内、日间精密度的变异系数（cv）均<13. 0%，重复性和再现性良好。在小麦玉米赤霉烯酮的重现性评价中，由于添加 10 μg/kg 玉米赤霉烯酮和随后的 21 倍稀释回收率为 76. 7%，这意味着最终的玉米赤霉烯酮浓度接近线性范围截止值（0. 43～14. 2 ng/mL）。

表 2-5 双重实时 PD-IPCR 法测定黄曲霉毒素和玉米赤霉烯酮的回收率分析

样品	真菌毒素	添加水平（μg/kg）	回收平均值±标准偏差	回收率（%）	变异系数（%）
批内（n=3）[a]					
小麦	黄曲霉毒素	5	4.79±0.57	95.8	11.9
		20	22.5±0.24	113	1.11
		100	102±10.3	102	10.1
	玉米赤霉烯酮	10	9.03±1.15	90.3	12.7
		50	46.4±2.64	92.8	5.69
		100	105± 13.4	105	12.8
大米	黄曲霉毒素	5	4.28±0.39	85.6	9.11
		20	18.4±1.89	92.0	10.3
		100	79.5±6.96	79.5	8.76
	玉米赤霉烯酮	10	8.99±0.44	89.9	4.89
		50	51.5±1.35	103	2.62
		100	92.2±8.86	92.2	9.61
玉米	黄曲霉毒素	5	4.53±0.51	90.5	11.3
		20	16.1±1.61	80.3	10.0
		100	82.8±10.6	82.8	12.8
	玉米赤霉烯酮	10	8.73±1.04	87.3	11.9
		50	45.4±4.61	90.7	10.2
		100	86.6±5.96	86.6	7.78
饲料	黄曲霉毒素	5	5.08±0.40	102	7.87
		20	23.7±2.67	118	11.3
		100	86.2±7.59	86.1	8.81
	玉米赤霉烯酮	10	8.39±0.04	83.9	0.47
		50	43.9±1.29	87.8	2.94
		100	111±3.57	111	3.23
批间（n=5）[b]					
小麦	黄曲霉毒素	5	4.78±0.58	90.6	12.1
		20	22.5±2.11	97.7	9.36
		100	97.4±6.68	97.4	6.68
	玉米赤霉烯酮	10	7.67±0.96	76.7	12.5
		50	51.9±5.01	103	9.66
		100	92.1±4.36	92.1	4.73

注：[a]每次试验在同一天进行 3 次重复。[b]试验在 5 d 内进行。

④双重 PD-IPCR 法的应用与验证

高效液相色谱法测定黄曲霉毒素总含量按《饲料中黄曲霉毒素 B_1、B_2、G_1、G_2 的测定标准》（GB/T 30955—2014）标准执行。采用天然污染的小麦和玉米样品（n = 30）进行验证。提取总黄曲霉毒素的方法如下：研磨样品（5 g）置于烧瓶（100 mL）中；每个瓶中加入 25 mL 含 4% NaCl 的甲醇-水（70∶30，v/v），在摇床中以 250 r/min 摇摇 2 h。然后，用两张滤纸过滤混合物。滤液（5.0 mL）用 20 mL 蒸馏水稀释 5 倍，用免疫亲和柱以约 1 滴/s 的流速清洗和浓缩。根据 Chin[19] 的描述制备黄曲霉毒素免疫亲和柱，免疫亲和柱用乙醇（1 mL）以 1 滴/s 的速度洗脱。洗脱液采用高效液相色谱系统 Agilent 1100 直接分析。色谱柱为 C18（内径 4.6 mm，长 250 mm，粒径 5 μm）。流动相为甲醇和水的混合物，体积比为 45∶55，流速为 1.0 mL/min。注入量为 10 μL，激发波长为 360 nm，发射波长为 440 nm。

样品按《食品安全国家标准　食品玉米赫霉烯酮的测定》（GB 5009.209—2016）标准制备。玉米赤霉烯酮提取液为乙腈-水（85∶15，v/v），清洗免疫亲和柱为玉米赤霉烯酮特异性。此外，将高效液相色谱系统（Agilent 1100）的玉米赤霉烯酮检测荧光检测器设置为 274/440 nm（激发/发射）。流动相为乙腈∶水∶甲醇（46∶46∶8，v/v/v），进样量为 20 μL。

根据样品制备方案，将样品稀释 21 倍，测定玉米样品中总黄曲霉毒素的 LOD 和线性范围分别为 0.63 μg/kg 和 0.21～120 μg/kg。玉米赤霉烯酮的 LOD 和线性范围分别为 2.94 μg/kg 和 8.19～183 μg/kg。结果表明，该方法具有较低的 LOD 值和较宽的线性范围。该方法的验证涉及使用新开发的双重 PD-IPCR 和金标准高效液相色谱法并行检测含有不同水平真菌毒素的天然污染小麦和玉米样品（n = 30）。线性回归 $Y=0.91X-1.12$ 和 $Y=0.74X+0.90$，$R_1^2=0.99$ 和 $R_2^2=0.99$，结果吻合良好（图 2-7）。

考虑到真菌毒素的多样性和多发性，迫切需要同时检测多种真菌毒素。该研究报道了一种基于 PD-IPCR 的有效分析方法的发展；该方法为同时检测总黄曲霉毒素和玉米赤霉烯酮提供了一种新的方法。双重 PD-IPCR 检测系统提供了定量的高灵敏度数据，满足了高通量的要求。该方法具有灵敏度高、特异性强、操作简便等优点。重要的

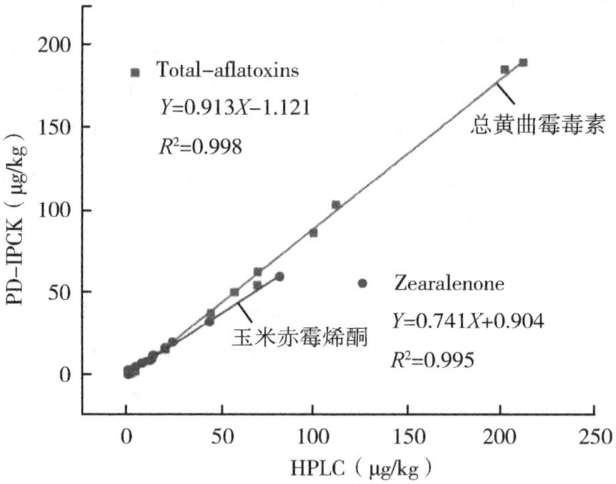

图 2-7　双重 PD-IPCR 与 HPLC 测定结果的相关性

是，这种方法不依赖于任何有毒试剂和专业设备。但是，在这个阶段，缺乏统一的技术程序可能被认为是一个缺陷。因此，需要进一步的研究重点是技术操作的标准化。此外，基于额外的抗独特型纳米噬菌体或对多种真菌毒素特异性的纳米噬菌体，PD-IPCR 技术可用于同时检测多种真菌毒素。

2.6　电子鼻

由多种通用化学探测器组成，可以检测各种挥发性有机化合物，并识别有毒真菌的定性挥发性指纹。气味识别提供了模式识别系统对产生的代谢物的早期分类，随后发现指纹[20]。电子鼻技术依靠识别与谷物上真菌生长有关的特定挥发性有机化合物来检测真菌感染。挥发性化合物与农产品中真菌毒素的数量之间存在关系，这种关系受到产真菌毒素及真菌物种的增殖和代谢模式的影响。电子鼻已被很好地用于在干腌猪肉中发现 OTA，玉米中发现 AFs 和伏马毒素，麦麸中发现 DON，水果中检测 DON、AFB_1、FB_1、OTA 等[2,21]。电子鼻检测的问题一是必须对农产品样品中微量真菌毒素的测量进行优化，以实现电子鼻识别真菌毒素的广泛使用；二是要求大部分真菌毒素是非挥发性化学物质。

2.7 拉曼光谱[22-23]

拉曼光谱可以从入射光不同频率的散射光谱中提取分子振动和旋转的重要信息，进而研究和检测分子结构。然而，传统的拉曼散射光强较弱，难以有效检测低浓度样品，限制了其应用。近十年来，表面增强拉曼散射（SERS）作为一种对目标分子具有高灵敏度和特异性的检测技术，通过将样品吸附在具有纳米粗糙度的金属表面（如金或银）上，可以显著增强样品分子的拉曼信号。然而，单 SERS 技术存在稳定性和可重复性差、SERS 底物成本高、检测能力有限等问题。随着纳米技术的发展，纳米材料不仅提高了 SERS 的灵敏度和特异性，而且为 SERS 耦合技术的发展开辟了新的可能性。通过将 SERS 与比色法（CA）、荧光法、侧流免疫分析法、电化学传感器等不同方法相结合，可以有效地处理高度稀释溶液中 SERS 信号波动或闪烁的问题，成为检测真菌毒素的强大定量分析工具。尽管基于 SERS 的多模态传感器前景良好，但在真菌毒素检测中必须克服几个挑战：①可重复性和稳定性问题，在实际应用中不同批次观察到的信号增强变化；②需要提高生物材料与靶分子之间的识别效率，包括提高界面材料的生物相容性和生物材料的功能化；③简化样品预处理步骤的必要性，以减少复杂样品的基质干扰对检测结果的影响。此外，迫切需要开发小型化、便携化和智能化的检测技术，以建立一个强大的多通道和多组分分析平台。

2.8 红外光谱

红外光谱法检测谷物中真菌毒素的光学无损快速方法包括主成分分析（PCA）和红外分析仪，可在不制备样品的情况下对真菌毒素进行鉴定和定量检测。这些程序的优点是使用简单，不需要使用化学品、提取或样品制备，并有快速的结果。虽然面临着困难，包括食品基质中真菌毒素的不均匀分布、磨碎谷物的粒度分布以及方法的检测极限，但要充分发挥红外光谱检测各种真菌毒素的潜力，还需要更多地研究[3]。如采用近红外光谱（NIRS）技术对轻度霉变玉米中黄曲霉毒素开展无损检测[24]。

2.9 机器学习（ML）[25]

近年来，用于检测和预测真菌毒素存在的机器学习方法研究有所增加。机器学习的核心是使用统计方法来创建算法，使计算机能够从数据中学习，并根据识别的模式和推断做出决策，而无须为每个特定任务明确编程。ML 方法提供了一种方法来破译隐藏在数据中的复杂模式，擅长处理和分析大型数据集，并提取不立即显现的有意义的模式。通过利用机器学习算法，研究人员可以更深入地了解数据，与传统的实验室分析相比，在效率、成本和可扩展性以及保持或提高真菌毒素检测的准确性方面具有显著优势。

ML 方法大致可以分为三类。即有监督学习（SL）、无监督学习（UL）和强化学习（RL）。ML 在食品安全和真菌毒素检测中应用广泛，但大多数研究倾向于集中在单个技术上，因此似乎缺乏涵盖专门针对真菌毒素分析的广泛 ML 方法的全面审查。例如，使用神经网络（NN）预测玉米中的伏马毒素、大麦种子中脱氧雪腐镰刀菌醇。ML 技术可以通过提供一种高效和低成本的解决方案，减轻目前真菌毒素检测的一些负担。此外，由于气候变化的影响，越来越需要这些模型在农场一级提供可靠的预测，特别是在食品安全和健康方面。

未来，随着纳米材料、人工智能及合成生物学的迅猛发展，真菌毒素检测技术将在灵敏度和智能化方面取得重大突破。借助新型纳米抗体，并与便携式微流控芯片等先进技术相结合，免疫快检将能够实现痕量毒素的精准定量。多技术交叉融合与智能数据分析平台的有效整合，将有力推动快检技术的标准化进程，进而在农产品质量、食品安全等领域实现从实验室到产业化的跨越式应用[26]。

参考文献

[1] Wacoo A P，Deborah W，Vuzi P C，et al. Methods for detection of aflatoxins in agricultural food crops [J]. Journal of Applied Chemistry，2014，5：1-15.

[2] 黄晴雯. 真菌毒素的分析方法及风险评估研究 [D]. 杭州：浙

江大学，2021.
[3] Boshra M H, El-Housseiny G S, Farag M M S, et al. Innovative approaches for mycotoxin detection in various food categories [J]. AMB Express, 2024, 14: 7.
[4] Liang J Y, Ning M X, Guan S, et al. Risk assessment of multiple mycotoxin exposure for consumers of chestnuts in Shandong Province markets in China [J]. Food Additives & Contaminants: Part A. 2021, 38: 2137-2150.
[5] Donis-Gonzalez I R, Medina - Mora C, Stadt S, et al. The presence of mycotoxins after ninety days of storage in fresh chestnuts [J]. Acta Horticulturae, 2009, 844: 69-74.
[6] Szelenberger R, Cichoń N, Zajaczkowski W, et al. Application of biosensors for the detection of mycotoxins for the improvement of food safety [J]. Toxins, 2024, 16 (6): 249.
[7] Li C, Wen K, Mi T, et al. A universal multi-wavelength fluorescence polarization immunoassay for multiplexed detection of mycotoxins in maize [J]. Biosensors and Bioelectronics, 2016, 79: 258-265.
[8] 任显凤，张奇，李培武，等，噬菌体免疫 PCR 技术及其在真菌毒素检测中的应用 [J]. 农产品质量与安全，2017 (1): 6.
[9] Guo Y C, Zhou Y F, Zhang X E, et al. Phage display mediated immuno-PCR [J]. Nucleic Acids Research, 2006, 34 (8): e62.
[10] Lei J, Li P, Zhang Q, et al. Anti-idiotypic nanobody-phage based real-time immuno-PCR for detection of hepatocarcinogen aflatoxin in grains and feedstuffs [J]. Analytical Chemistry, 2014, 86 (21): 10841-10846.
[11] Monjezi R, Tan S W, Tey B T, et al. Detection of hepatitis B virus core antigen by phage display mediated TaqMan real-time immuno-PCR [J]. Journal of Virological Methods, 2013, 187 (1): 121-126.
[12] Yu X, Burgoon M P, Shearer A J, et al. Characterization of

phage peptide interaction with antibody using phage mediated immuno－PCR ［J］. Journal of Immunological Methods, 2007, 326: 33-40.

［13］ Zhang H, Xu Y, Huang Q, et al. Natural phage nanoparticle－mediated real－time immuno－PCR for ultrasensitive detection of protein marker ［J］. Chemical Communications, 2013, 49 (36): 3778-3780.

［14］ Kim H J, Mccoy M, Gee S J, et al. Noncompetitive phage anti－immunocomplex real－time polymerase chain reaction for sensitive detection of small molecules ［J］. Analytical Chemistry, 2011, 83 (1): 246.

［15］ Chang T C, Huang S H. A modified immuno-polymerase chain reaction for the detection of β－glucuronidase from *Escherichia coli* ［J］. Journal of Immunological Methods, 1997, 208: 35-42.

［16］ 徐平西，肖华胜，鞠躬. 一种简易的免疫 PCR 方法的建立［J］. 生物化学与生物物理进展，1999，26（4）：396-398.

［17］ Ren X, Zhang Q, Wu W, et al. Anti-idiotypic nanobody-phage display-mediated real-time immuno-PCR for sensitive, simultaneous and quantitative detection of total aflatoxins and zearalenone in grains ［J］. Food Chemistry, 2019, 297: 124912.

［18］ Li X, Li P, Zhang Q, et al. Multi-component immunochromatographic assay for simultaneous detection of aflatoxin B1, ochratoxin A and zearalenone in agro－food ［J］. Biosensors and Bioelectronics, 2013, 49: 426-432.

［19］ Chin W C, Tang X, Li X, et al. Development and Application of an Immunoaffinity Column Enzyme Immunoassay for Mycotoxin Zearalenone in Complicated Samples ［J］. PLoS ONE, 2014, 9: e85606.

［20］ Leggieri M C, Mazzoni M, Fodil S, et al. An electronic nose supported by an artificial neural network for the rapid detection of aflatoxin B1 and fumonisins in maize ［J］. Food Control, 2021, 123: 107722.

[21] Ottoboni M, Pinotti L, Tretola M, et al. Combining E-nose and lateral flow immunoassays (LFIAs) for rapid occurrence/co-occurrence aflatoxin and fumonisin detection in maize [J]. Toxins, 2018, 10 (10): 416.

[22] Jiao S, Wu L, Jiang H, et al. A review on SERS-based techniques for mycotoxin detection: From construction to application [J]. TrAC Trends in Analytical Chemistry, 2025, 184: 118120.

[23] Wu Z, Pu H, Sun D. Fingerprinting and tagging detection of mycotoxins in agri-food products by surface-enhanced Raman spectroscopy: Principles and recent applications [J]. Trends in Food Science & Technology, 2021, 110: 393-404.

[24] 李杰，高春，许丽，等. 近红外光谱技术快速无损检测轻度霉变玉米 [J]. 食品安全质量检测学报，2025，16：18-25.

[25] Inglis A, Parnell A C, Subramani N, et al. Machine Learning Applied to the Detection of Mycotoxin in Food: A Systematic Review [J]. Toxins, 2024, 16 (6): 268.

[26] 钦巧眉，毛劲，程玲，等. 农产品和食品中黄曲霉毒素检测与阻控技术研究现状及展望 [J]. 农业工程学报，2025，41：1-14.

第 3 章　农产品中真菌毒素风险评估技术

真菌毒素是由各种丝状真菌次生代谢产生的有毒化合物，主要由镰刀菌属、青霉菌属、曲霉菌属、麦角菌属和链格孢菌属产生，它们存在于各种农产品中，包括小麦、玉米、大麦、燕麦、水果、蔬菜、干果、坚果等。根据目前的技术水平，有 500 多种真菌毒素已被定义为有毒和对人类、动物和植物健康有害，最常见的包括黄曲霉毒素（AFs）、玉米赤霉烯酮（ZEN）、伏马毒素（FBs）、赭曲霉毒素（OTs）、曲霉烯（DON）和 T-2 毒素（T-2）。

世界范围内农产品中真菌毒素存在的特点及其对动物和人类健康的影响贯穿历史。麦角病，也被称为“圣安东尼之火”，于 10 世纪发生在欧洲的几个地区，是由食用含有麦角生物碱的黑麦引起的，麦角生物碱是由麦角菌产生的。在西伯利亚，第二次世界大战导致谷物延迟收获，延迟收割的谷物被镰刀菌产生的毒素严重污染，后来食用这些谷物的人均受到非特异性疾病的困扰，死亡率高达 10%。1960 年，英国 10 万只火鸡死于黄曲霉产生的黄曲霉毒素。2004 年，肯尼亚有 125 人因食用受黄曲霉毒素污染的玉米而死亡。迄今为止，真菌毒素中毒事件在许多国家均有报道。运用风险评估技术对真菌毒素进行有效的风险评估，可以防控此类事件的发生。

3.1　国内外真菌毒素风险评估研究现状[1]

全球范围内，对农产品中真菌毒素的风险评估主要集中在膳食暴露的风险分析与评估上，涵盖了全膳食暴露的风险评估以及不同人群对农产品中特定或多种真菌毒素的膳食风险评估。早在 1956 年，国际上就成立了联合国粮农组织/世界卫生组织食品添加剂联合专家委员会（JECFA），专门负责农产品质量安全风险评估。近年来，农产品中真菌毒素的风险评估工作显著加强。目前已经建立了完善的组织体系，设立了专业的数据收集机构，形成了科学的评估技术、方法和程序，并建立了透明高效的风险交流机制。已经提出了多种毒素的健康指导值，例如，玉米赤霉烯酮（PMTDI）为 0.5 μg/（kg bw · d）、脱氧雪腐镰刀菌烯醇（PMTDI）为 1 μg/(kg bw · d)、赭曲霉毒素（PTWI）为 112 ng/kg bw、伏马毒素（PMTDI）为 2 μg/kg bw，T－2 及 HT－2 毒素（PMTDI）为 60 ng/kg bw 等。

欧盟的真菌毒素风险评估工作由欧委会食品科学委员会（SCF）和欧洲食品安全局（EFSA）的食物链污染物专家组承担，评估内容包括真菌毒素对人类和动物的毒性评价、暴露量评估以及提出科学研究建议等。其运行机制和程序系统严格，已经对黄曲霉毒素、玉米赤霉烯酮、脱氧雪腐镰刀菌烯醇、赭曲霉毒素、链格孢菌毒素等进行了系列评估。2014 年起，评估重点逐渐转向隐蔽性真菌毒素和镰刀菌毒素的代谢物，2017 年还进行了 T-2 毒素与 HT-2 毒素的膳食暴露风险评估。此外，美国和日本也分别设有美国食品药品监督管理局（FDA）和日本食品安全委员会（FSCJ），专门负责农产品及食品中真菌毒素的风险评估工作。国际主要组织和国家的风险评估工作已经逐步从数据积累阶段转向有效控制阶段。我国的真菌毒素风险评估工作起步较晚，农产品质量安全风险评估工作于 2007 年启动，直到 2014 年才正式组建了首批国家粮油产品质量安全风险评估团队，主要集中在真菌毒素的识别、监测、评估和控制等应用技术研究上。

3.2　真菌毒素的风险评估

黄曲霉毒素、赭曲霉毒素、玉米赤霉烯酮、伏马毒素、脱氧雪腐菌烯醇以及 T-2 毒素是较常见的可污染农产品的真菌毒素[2]。急性和慢性接触受真菌毒素污染的农产品都可能对人畜健康造成有害影响，其症状可能因真菌毒素的类型而异，并可能包括肝毒性、肾毒性、神经毒性、细胞毒性、致畸性和致癌性等。真菌毒素风险评估一般由危害识别、危害特征描述、暴露评估和风险特征描述 4 个步骤组成，其中以暴露评估为关键步骤。

3.2.1 黄曲霉毒素（Aflatoxin，AFs）[3-4]

3.2.1.1 危害识别

黄曲霉毒素作为目前研究最为广泛的一类真菌毒素，主要由黄曲霉、寄生曲霉、黑曲霉和无名曲霉等产毒菌株产生，其化学结构中的二呋喃香豆素衍生物特别是内酯环和末端呋喃环双键决定了其强毒性和致癌性。在已鉴定的 18 种 AFs 中，AFB_1 因其通过细胞色素 P450 代谢生成的 AFB_1-8，9-环氧化物能与 DNA 形成加合物，被国际癌症研究机构（IARC）列为Ⅰ类人类致癌物，是已知最强的天然致突变剂和致癌物，其毒性强度依次为 $AFB_1>AFM_1>AFG_1>AFB_2>AFG_2$。研究表明，AFs 暴露与肝细胞癌（HCC）发生显著相关，且在 HBV 感染者中呈现协同致癌效应。除致癌性外，AFs 还具有急性肝毒性、免疫抑制、生殖毒性（如 AFG_1 诱导生精小管萎缩）和神经毒性（如 AFG_1 导致脑组织损伤）等多系统毒性作用。AFM_1 作为 AFB_1 的羟基化代谢物，虽被归类为ⅡB 类致癌物，但仍可导致肝肾损伤和遗传毒性。代谢研究表明，AFs 经细胞色素 P450 和谷胱甘肽-S 转移酶介导转化为活性环氧化物或无毒性产物，其毒性呈现显著种属差异。全球范围内已有多次 AFs 急性中毒事件报道，慢性暴露则与生长发育迟缓和免疫功能抑制相关。

3.2.1.2 危害特征描述

黄曲霉毒素的危害特征已由国际权威机构进行了系统评估。国际癌症研究机构（IARC）确认 AF 为明确的人类致癌物，主要诱发肝癌。欧盟食品添加剂联合专家委员会（JECFA）通过综合分析流行病学数据发现，膳食低剂量长期 AFB_1 暴露与原发性肝细胞癌成正的剂量反应关系，特别是在乙型肝炎病毒（HBV）感染人群中表现出协同致癌效应。研究显示，当 AF 暴露量为 1 ng/（kg bw・d）时，HBsAg 阳性人群的肝癌年发病率为 0.3 例/10 万人（不确定范围 0.05～0.5），而阴性人群为 0.1 例/10 万人（0.002～0.03）。然而，现有风险评估仍存在重要局限：HBV/HCV 感染的混杂效应，暴露评估的不确定性，以及全球暴露水平的显著差异。EFSA 保守假设其他 AFs 与 AFB_1 具有类似的致癌效力，并基于大鼠实验的剂量-反应模型，采用最低的 $BMDL_0$ 170 ng/（kg bw・d）用于风险评估。值得注意的是，现有流行病学研究主要集中在非洲和亚洲高暴露区域，这些地区同时存在 HBV 高流行，而针对低暴露地区（如欧洲）的风险特征仍不明确。这些评估结果凸显了在 AF 风险管理中需考虑地域差异、病毒共暴露等因素的重要性。

3.2.1.3　暴露评估

黄曲霉毒素的膳食暴露评估在我国的研究仍相对有限。研究显示，我国不同人群的 AF 暴露水平存在显著差异：我国成人、2~6 岁儿童、城市人群、农村人群的平均 AF 膳食暴露量分别为 665.43ng/（人·d）、415.39 ng/（人·d）、487.64 ng/（人·d）、749.14 ng/（人·d），人群高消费者（97.5 百分位）的 AF 膳食暴露量则分别为 24 787.20 ng/（人·d）、16 544.40 ng/（人·d）、17 358.59 ng/（人·d）、29 370.42 ng/（人·d）。研究结果提示，农村人群以及玉米、大米等主食是我国 AF 膳食暴露控制的重点对象，对降低肝癌发病风险具有重要意义。国际比较显示，JECFA（2008）评估的全球 AFB_1 暴露水平呈现明显地域差异：亚洲为 0.3~53 ng/（kg bw·d），非洲高达 3.5~180 ng/（kg bw·d），欧洲 0.93~2.4 ng/（kg bw·d）和美国 2.7 ng/（kg bw·d）相对较低。基于 13GEMS/食品消费群膳食数据（13GEMS/Food Consumption Cluster Diets）的分析表明，玉米、花生、油籽和可可制品是 AF 膳食暴露的主要来源，同一集群内 AFB_1 暴露膳食范围从 0.3~0.5 ng/（kg bw·d）至 23~28 ng/（kg bw·d）不等。在欧洲，AF 污染主要存在于玉米、花生、干果、香料及坚果中，其中开心果和巴西坚果的污染水平最高，部分样品超出欧盟限量标准。澳大利亚和新西兰的监测数据同样表明，花生及坚果制品的 AF 污染水平显著高于其他农产品。在澳大利亚，家禽肝脏（约 10 μg/kg）和肌肉组织（约 1 μg/kg）中的 AF 残留量较坚果类产品低 4~5 个数量级。

3.2.1.4　风险特征描述

黄曲霉毒素作为国际癌症研究机构（IARC）确认的 I 类人类致癌物，其膳食暴露水平应严格控制在最低可达到水平。AF 主要包括 AFB_1、AFB_2、AFG_1 和 AFG_2，主要污染玉米、花生、大豆、大米等农作物及其加工制品（如植物油、面粉等），以及坚果和干果类食品；而 AFM_1 和 AFM_2 则是乳制品中的主要污染物。流行病学研究证实，膳食 AF 暴露与肝癌风险显著相关，特别是在乙型肝炎病毒（HBV）感染人群中，两者呈现明显的协同致癌效应。目前国际通用的 AF 风险评估方法主要包括数学模型法和暴露边际（MOE）法。JECFA 自 1987 年起已进行多次系统评估，鉴于AF属于无阈值遗传毒性致癌物，虽未设定健康指导值，但强调应将其暴露量降至最低。值得注意的是，EFSA采用MOE法评估坚果制品中AFB_1风险，并确定其对大鼠致癌的基准剂量下限（BMDL）为170 ng/（kg bw·d）。

3.2.1.5 风险管理措施

为控制黄曲霉毒素暴露风险，多个国家已建立食品和饲料中AF限量标准。我国《食品中真菌毒素限量》（GB 2761—2017）规定AFB_1在谷物、油脂等食品中的限量为20 μg/kg，AFM_1在乳制品中的限量为0.5 μg/kg。WHO推荐AF最高允许限量为15 μg/kg。欧盟（EC）No 1881/2006法规对油料作物设定更严格标准：压榨用花生等原料中AFB_1限量为8 μg/kg，总AF（$B_1+B_2+G_1+G_2$）限量为15 μg/kg，但未规定成品植物油中的限量。这些差异化的标准体系反映了不同地区对黄曲霉毒素风险管理的针对性策略，同时也提示需要进一步完善基于科学证据的国际协调标准。

3.2.2 玉米赤霉烯酮（Zearalenone，ZEN）[5]

3.2.2.1 危害识别

ZEN主要由多种镰刀菌属（*Fusarium*）真菌产生，如禾谷镰刀菌（*Fusarium graminearum*）、尖孢镰刀菌（*Fusarium oxysporum*）、黄色镰刀菌（*Fusarium culmorum*）等，广泛污染玉米、小麦、大麦等农作物。ZEN是一种具有6-（10-羟基-6-氧-反式-1-十一烯基）β-二羟基苯甲酸内酯结构的白色晶体，分子式为$C_{18}H_{22}O_5$，熔点161~163℃，不溶于水，可溶于碱性水溶液和乙腈、氯仿等有机溶液。ZEN有多种形式的衍生物，如α-玉米赤霉烯醇（α-Zearalenol，α-ZOL）、β-玉米赤霉烯醇（β-Zearalenol，β-ZOL）、α-玉米赤霉烯醛（α-Zearalanol，α-ZAL）、β-玉米赤霉烯醛（β-Zearalanol，β-ZAL）、玉米赤霉酮（Zearalanone，ZAN）等，其中前两种代谢形式最为常见。在食用农产品（玉米、大米、小麦和大麦）过程中，这种真菌毒素被迅速吸收并转化为各种衍生物。

ZEN及其代谢产物（如α-ZOL、β-ZOL）具有显著的雌激素活性，可通过干扰内分泌系统、诱导氧化应激和表观遗传改变（如DNA甲基化和组蛋白修饰）对机体产生多系统毒性。其主要危害包括：①生殖毒性，通过结合雌激素受体（ER）扰乱激素平衡，影响卵泡发育、精子生成及胎儿发育；②免疫毒性，导致胸腺萎缩、免疫细胞减少及细胞因子分泌紊乱；③遗传毒性和致癌性，通过 DNA 损伤、促癌基因表达及细胞周期异常增殖诱发肿瘤；④肝肾毒性，引起氧化应激和代谢功能障碍；⑤细胞毒性，通过线粒体损伤和内质网应激诱导凋亡。此外，ZEN 还能破坏肠道菌群平衡，加剧其系统性危害。

3.2.2.2　危害特征描述

ZEN 在不同剂量和不同细胞类型下具有不同的毒性机制。低剂量的 ZEN 由于雌激素效应，会刺激细胞增殖，尤其雌激素依赖性肿瘤细胞。高剂量主要通过损伤 DNA 和导致细胞氧化应激来抑制细胞生长并导致细胞死亡，包括细胞凋亡和坏死。ZEN 及其衍生物具有不同的雌激素活性，大致可以按照 α-ZOL = α-ZAL > ZAN > ZEN = β-ZAL > β-ZOL 排列。此外，不同物种对 ZEN 的敏感性不同，由于猪体内 α-羟基化比例较高，猪体内代谢产物主要为 α-ZOL，α-ZOL 的毒性比较大，因此猪是该毒素最敏感的家畜，其次是牛、羊等。ZEN 通过激活 ER/GSK-3β/Wnt-1/β-catenin 通路促进卵巢发育，同时干扰睾酮合成和精子发生。免疫抑制机制涉及 T 细胞活化信号（如 LAT、Lck、NF-κB）的抑制及细胞因子（IL-2、IL-6 等）分泌减少。遗传毒性表现为染色体畸变和 DNA 加合物形成，而致癌性则与 MAPK 信号通路激活及间隙连接功能丧失相关。肝肾损伤标志包括转氨酶升高、抗氧化酶抑制及脂质过氧化。

3.2.2.3　暴露评估

人类和动物主要通过食用受污染的农作物（如玉米、小麦制品）暴露于 ZEN。ZEN 在肠道吸收迅速，并代谢为 α-ZOL、β-ZOL 等衍生物，部分代谢物的毒性高于 ZEN 本身。暴露水平取决于粮食污染程度、饮食习惯及加工方式（ZEN 耐高温，常规烹饪难以完全去除）。目前，全球多个地区已制定 ZEN 的食品限量标准，我国谷物及其制品中 DON 的限量为 60 μg/kg，但需结合污染监测数据评估实际暴露风险。

3.2.2.4　风险特征描述

ZEN 的综合风险需结合毒性数据和暴露水平评估。对生殖系统的影响（如雌激素效应、繁殖障碍）是核心关注点，尤其对畜牧业（猪、奶牛）和经济动物危害显著。人类长期低剂量暴露可能导致内分泌紊乱、免疫抑制及潜在致癌风险，而高剂量（如霉变谷物误食）可能引发急性肝肾损伤。目前，各国通过设定谷物中 ZEN 限量标准控制风险。

3.2.3 伏马毒素 B_1（Fumonisin B_1，FB_1）

3.2.3.1 危害识别

伏马毒素 B_1（FB_1）主要是由镰刀菌属真菌产生的次级代谢产物，包括轮枝镰刀菌（*Fusarium verticillioides*）、增殖镰刀菌（*Fusarium proliferatum*）等，主要污染玉米及其制品。伏马毒素有多种形式，其中 FB_1 是污染最严重、危害最大的毒素之一，被国际癌症研究机构（IARC）列为ⅡB 类致癌物。其结构类似于鞘氨酸和鞘氨醇等鞘脂长链碱基，由 22 碳氨基酚和两个三羧酸盐（TCA）侧基组成。FB_1 对人体健康的危害具有多器官、多系统的特点，主要表现为肾脏毒性、肝脏毒性、神经毒性、遗传毒性以及潜在的致癌性，其毒性作用涉及氧化应激、细胞凋亡、DNA 损伤等多种分子机制。

3.2.3.2 危害特征描述

FB_1 低剂量长期暴露以慢性毒性（如致癌）为主，高剂量则导致急性细胞凋亡或坏死。FB_1 的毒性机制核心是鞘脂代谢抑制和氧化应激：FB_1 竞争性抑制神经酰胺合成酶，导致鞘氨醇（Sa）积累和鞘脂代谢紊乱，影响细胞膜完整性和信号转导（如 MAPK 通路）。FB_1 可引起反应性活性氧（ROS）在多种细胞和动物模型中产生并引发氧化应激。高浓度的活性氧（ROS）会引起氧化还原稳态，导致脂质过氧化、膜损伤、DNA 损伤和蛋白质氧化。FB_1 对肾脏最敏感，优先引起肾小管损伤（MDA 升高显著）；肝脏次之，长期暴露可导致肝肿瘤；神经系统则是在胚胎期暴露干扰神经管闭合（动物模型）。

3.2.3.3 暴露评估

FB_1 在农产品中的污染具有明显的区域性特征，其主要污染源为玉米及玉米制品，在潮湿储存条件下污染风险显著增加。人群暴露水平与膳食结构密切相关，以玉米为主食的地区居民面临较高的暴露风险。FB_1 在动物性食品中的残留问题也不容忽视，食用污染饲料的畜禽产品可能成为次要暴露途径。该毒素在体内代谢相对缓慢，主要通过尿液和粪便排泄，但在肾脏等靶器官中表现出明显的蓄积倾向。目前国际社会对玉米及其制品中 FB_1 的限量标准存在差异，欧盟设定的限量范围为 1 000~2 000 μg/kg，而美国 FDA 则对玉米制品制定了更严格的标准[1]，这些标准的执行情况直接影响人群的实际暴露水平。

3.2.3.4　风险特征描述

FB_1 对人体健康造成的风险主要表现为：长期摄入可能增加肝癌、食管癌等肿瘤的发病风险；诱发进行性肾脏损伤；对孕妇而言可能增加胎儿神经管缺陷的发生概率。鉴于 FB_1 的耐热性和在食品中的广泛存在，其风险控制面临严峻挑战。欧盟食品添加剂联合专家委员会（JECFA）设定的暂定每日最大耐受摄入量为 2 μg/kg bw[6]，为有效管理 FB_1 的健康风险，建议采取以下综合措施：在农业生产环节，应改良玉米储存条件，控制环境温湿度以抑制产毒真菌的生长；在食品加工过程中，可探索使用活性炭吸附等物理方法或特定微生物降解等生物技术降低 FB_1 含量；加强玉米及其制品的质量监测，严格执行现行限量标准；针对高风险人群，建议膳食多样化以减少玉米制品摄入，同时适当补充维生素 E 等抗氧化营养素。FB_1 的主要风险包括慢性健康影响，长期低剂量暴露与肝癌、肾病及神经发育缺陷相关。

3.2.4　赭曲霉毒素 A（Ochratoxin A，OTA）[7]

3.2.4.1　危害识别

OTA 是由曲霉属和青霉属真菌产生的具有强毒性的次级代谢产物，其化学结构特征为 7-羧基-5-氯-8-羟基异香豆素与 L-苯丙氨酸通过酰胺键连接而成，其中氯原子和苯丙氨酸羧基是其毒性的关键功能基团。作为一种理化性质稳定的真菌毒素，OTA 具有极强的耐热性，常规食品加工过程难以将其降解，主要污染谷物类农产品（如小麦、玉米）、葡萄酒、咖啡、香料及肉制品等食品，尤其是在温湿气候条件适宜的欧洲地区，葡萄及其加工制品的 OTA 污染问题尤为突出。国际癌症研究机构（IARC）基于充分的实验证据将其列为ⅡB 类潜在人类致癌物。OTA 对人体健康的危害具有多靶器官特性，主要表现为肾脏毒性、肝脏毒性、神经毒性、免疫毒性等，同时还具有致癌性和致畸性等潜在健康风险。

3.2.4.2　危害特征描述

OTA 的毒性作用机制涉及多种分子途径，主要包括诱导细胞内活性氧（ROS）大量生成，抑制谷胱甘肽（GSH）等抗氧化物质的合成，进而引发脂质过氧化、DNA 损伤及蛋白质氧化等氧化应激反应；通过调控线粒体途径（如 Bcl-2/Bax 蛋白表达失衡、Caspase 级联反应激活）和内质网应激（GRP78/CHOP 信号通路）等途径触发细胞凋亡或坏死；干扰 MAPK、NF-κB 等关键信号通路的正常功能，影响细胞增殖分化相关基因的表达；此外还可能通过间接干扰神经酰胺合成等途径影响鞘脂代谢，加重神经毒性作用。在不同靶器官中，OTA 表现出明显的组织特异性毒性：在肾脏主要蓄积于近端肾小管上皮细胞，引起慢性进行性肾损伤，这与巴尔干地方性肾病的发生密切相关；在肝脏则主要表现为肝细胞损伤和氧化应激反应；长期低剂量暴露还可能通过血脑屏障对中枢神经系统产生损害，增加神经退行性病变的风险。从剂量-效应关系来看，低剂量长期暴露主要导致慢性毒性效应如致癌作用，而高剂量暴露则会引起急性肾损伤等严重后果。

3.2.4.3 暴露评估

OTA 在食品中的污染分布具有明显的区域性特征，其主要污染来源包括谷物类食品（约占 60%）、葡萄酒（约 20%）和咖啡（约 10%）等。在欧洲等温湿气候区，由于适宜产毒真菌生长的环境条件，葡萄酒中的 OTA 污染问题尤为突出。人群暴露水平与膳食结构密切相关，以谷物和葡萄酒为主要饮食组成的地区（如南欧和巴尔干半岛国家）居民面临较高的 OTA 暴露风险。OTA 在人体内的药代动力学特征表现为吸收迅速、分布广泛，血浆半衰期长达 35 d 左右，主要通过肾脏排泄，但容易在肾组织中蓄积，这也是其肾毒性显著的重要原因。目前国际社会对食品中 OTA 的限量标准日趋严格，我国谷物及其制品中 DON 的限量为 5 μg/kg，这些标准的制定为评估人群实际暴露水平提供了重要依据。

3.2.4.4 风险特征描述

OTA 对人体健康造成的风险主要表现为：长期摄入可能导致慢性进行性肾脏损害；由于其稳定的理化性质，常规食品加工工艺难以有效去除，给食品安全控制带来巨大挑战；特定人群如孕妇、儿童以及肾功能不全者对 OTA 的毒性效应更为敏感，需要特别关注。为有效控制 OTA 的健康风险，建议采取以下风险管理措施：①在农业生产环节，重点加强谷物和葡萄等农产品的仓储管理，通过控制温湿度等环境因素抑制产毒真菌的生长繁殖；②在监管方面，推广应用 ELISA、HPLC-MS 等快速检测技术，加强对高风险食品的监测力度；③研发新型加工技术如活性炭吸附或特定微生物降解等方法降低食品中 OTA 含量；④针对高风险地区人群开展膳食指导，建议适当减少葡萄酒及可能霉变谷物的摄入，同时增加富含维生素 C、E 等抗氧化物质的食品摄入。

3.2.5　脱氧雪腐镰刀菌烯醇（Deoxynivalenol，DON）

3.2.5.1　危害识别

DON 是一种 B 型单端孢霉烯族毒素，主要由禾谷镰刀菌（*Fusarium graminearum*）和黄色镰刀菌（*Fusarium culmorum*）等产生。DON 广泛污染小麦、玉米、大麦等主要农作物及其制品，是全球最常见的一种真菌毒素污染。DON 的主要危害包括：引起动物拒食、呕吐等急性中毒症状；抑制蛋白质合成；损害免疫系统功能；破坏肠道屏障完整性。DON 的 12，13-环氧基团是其毒性的关键结构，能够与核糖体 60S 亚基结合，干扰蛋白质合成过程。

3.2.5.2　危害特征描述

DON 的毒性机制主要是通过与核糖体结合，抑制肽基转移酶活性，从而阻断蛋白质合成。低剂量 DON 暴露可激活 MAPK 信号通路和 NF-κB 通路，导致促炎细胞因子（如 IL-6、TNF-α）的过度表达。高剂量 DON 则会引起细胞凋亡和肠上皮细胞损伤。在代谢方面，DON 在动物体内可被转化为低毒性的 DOM-1，但这种转化率在不同物种间差异较大。猪对 DON 最为敏感，表现为明显的拒食反应，而反刍动物由于瘤胃微生物的作用，对 DON 的耐受性相对较高。

3.2.5.3　暴露评估

DON 的污染具有全球性特征，在温带地区的小麦和玉米中检出率尤其高。根据监测数据，DON 在谷物中的污染水平从几十 μg/kg 到几千 μg/kg 不等。人类主要通过食用受污染的面粉、玉米制品等途径暴露于 DON。加工过程如碾磨可以部分降低 DON 含量，但烘焙等热处理对其影响有限。目前欧盟规定未加工谷物中 DON 的限量为 1 250～1 750 μg/kg，谷物制品为 500～750 μg/kg。我国谷物及其制品中 DON 的限量为 1 000 μg/kg。动物实验研究显示，对呕吐毒素毒性的敏感度在不同种属间存在显著差异，其中猪最为敏感，其次是啮齿类动物、狗、猫、家禽及反刍类家畜。具体而言，对于猪，当呕吐毒素的暴露剂量超过 50 μg/kg bw 时，会引起明显的呕吐反应；而当暴露剂量超过 27 μg/kg bw 时，则可能导致实验动物的组织损伤甚至死亡。在长期膳食暴露的情况下，呕吐毒素主要导致实验动物体重下降、食欲减退、营养缺乏以及免疫功能受损[8]。

3.2.5.4 风险特征描述

DON 的急性毒性相对较低，但长期低剂量暴露可能对人体健康产生潜在危害。儿童和免疫力低下人群是 DON 暴露的高风险群体。目前 JECFA 设定的 DON 暂定每日最大耐受摄入量（PMTDI）为 1μg/kg bw。风险管理措施应包括：加强田间管理和储存条件控制以减少真菌污染；开发有效的脱毒技术；完善监测体系和限量标准。未来研究应关注 DON 与其他霉菌毒素的联合毒性效应，以及建立更精准的暴露评估模型。

3.2.6 T-2 毒素

3.2.6.1 危害识别

T-2 毒素是 A 型单端孢霉烯族中毒性最强的成员，主要由拟枝孢镰刀菌（*Fusarium sporotrichioides*）和梨孢镰刀菌（*Fusarium poae*）产生。与 DON 不同，T-2 毒素在 C_4、C_8 和 C_{15} 位含有乙酰基或酰基基团，这些结构使其具有更强的生物活性。T-2 毒素的主要危害包括：引起口腔和消化道黏膜坏死；抑制骨髓造血功能；损害免疫系统；干扰生殖功能。T-2 毒素还能穿透皮肤和黏膜被快速吸收，导致全身性中毒。

3.2.6.2 危害特征描述

T-2 毒素的毒性机制同样基于其与核糖体的结合能力，但其毒性强度是 DON 的 10 倍以上。T-2 毒素可诱导大量活性氧（ROS）产生，造成 DNA 损伤和脂质过氧化。在代谢方面，T-2 毒素主要在肝脏和肠道转化为 HT-2 毒素、3-OH-T-2 毒素等代谢产物，其中 HT-2 毒素仍保持相当毒性。T-2 毒素对不同动物的敏感性差异显著，家禽对其特别敏感，表现为口腔病变和生长抑制，而反刍动物由于瘤胃微生物的解毒作用，耐受性相对较高。

3.2.6.3 暴露评估

T-2 毒素的污染相对 DON 较少见，但在寒冷气候地区的谷物中仍有检出。燕麦和玉米是较易受 T-2 毒素污染的作物。人类主要通过食用受污染的谷物制品暴露于 T-2 毒素。由于 T-2 毒素的热稳定性较差，一些加工过程如烘焙可使其部分降解。国际上对 T-2 毒素制定的限量标准不多，苏联规定 T-2 毒素在粮食中允许限量为 100 μg /kg，然而早在 1973 年，世界卫生组织（WHO）和联合国粮农组织（FAO）在日内瓦召开的联席会议上就已经强调了 T-2 毒素的强毒性，将其列为同黄曲霉毒素一样危险的食品污染源[1]。

3.2.6.4　风险特征描述

T-2 毒素具有显著的急性毒性，高剂量暴露可导致出血性综合征甚至死亡。其慢性毒性主要表现为免疫抑制和造血功能障碍。T-2 毒素和 HT-2 毒素的健康指导值暂定每日最大耐受摄入量为 60 ng/kg bw。风险管理应重点关注高风险地区和作物，开发快速检测方法，并研究有效的脱毒措施。由于 T-2 毒素的强毒性，未来需要加强对其代谢途径和低剂量长期暴露效应的研究。

3.3　真菌毒素的暴露评估[8]

国内外真菌毒素的风险评估工作主要聚焦于膳食暴露方面的风险分析与评估，具体包括全膳食暴露的风险评估和不同人群摄入粮食产品中某种或者多种真菌毒素的膳食风险评估。

人类很容易接触到多种真菌毒素，而饮食摄入通常被认为是一个主要途径。然而，暴露数据往往侧重于食品商品中各种真菌毒素的个体水平，往往不能直接评估人群对它们的总体暴露。从这个意义上说，欧洲食品安全局、联合国粮农组织和世卫组织的国际委员会定期制定统一的指导文件，包括针对不同真菌毒素的临时每日最大可耐受摄入量（PMTDI），以提高饮食暴露评估的效率和准确性。就常识而言，风险评估包括一个四步骤的概念框架，用于评估因接触真菌毒素而造成的具体危害、监测接触和估计相关的健康风险。根据所获得的科学证据，风险评估正在为风险管理部门提供充分的信息战略，以便采取有效的干预措施，这对于帮助当局和决策者采取适当行动，减少不同人群的健康风险至关重要。因此，研究人员建议，食品消费调查、食品监测研究、重复饮食研究和总饮食研究（TDS）都应被视为食品中真菌毒素污染暴露评估的关键因素[9-10]。

真菌毒素的联合毒性是一个复杂的问题，但一般来说，共同暴露于几种真菌毒素可通过加性或协同效应对人体造成不可避免的伤害，特别是当同时发生的真菌毒素以共同的作用方式发挥其毒性时。目前，针对单个真菌毒素的危害和风险评估方法已被提出。然而，对单个真菌毒素进行的人类健康风险评估可能低估了实际食用的食物中同时存在多种真菌毒素所引起的总风险。即便如此，评估多种真菌毒素共同毒性的最直接方法是遵循单一真菌毒素评估。这种方法不需要特别的方法。然而，发现了几个瓶颈问题，其中最主要的是获得真菌毒素混合物。最近，独立作用（IA）和浓度添加（CA）的组合概念被应用于评估各种污染物的风险。也就是说，IA 假设单个成分相互独立地起作用，而 CA 假设混合成分的作用相同，只是浓度不同，以引起它们的毒性作用。后一种方法似乎更适合于一类真菌毒素的伴随性风险评估，如 DON、3-ADON 和 15-ADON，它们具有相似的作用和毒性。

以获得的数据为基础，结合农产品中的真菌毒素水平和食品消费水平进行风险评估，对于在个体和总体水平上将真菌毒素确定为有害危害具有重要意义。因此，风险评估的前提是具有代表性地收集有关真菌毒素的国际和区域特定数据，以便确定主要导致不同人群接触真菌毒素的具有代表性的食物群体。可以通过不同的模型和方法评估特定人群饮食中真菌毒素的暴露情况。获取用于膳食暴露评估的食物中真菌毒素浓度数据的最准确方法是购买和分析人们食用的食物。

到目前为止，暴露数据可通过总膳食研究（TDS）方法获得，该方法利用目标食物中真菌毒素的发生率和浓度进行精细的膳食暴露评估。由此获得的暴露数据对于特定食物或特定人群具有代表性和准确性，因为 TDS 数据是基于整个饮食中实际食用的食物。在过去十年中，TDS 方法已在世界范围内广泛应用于评估食品中多种真菌毒素的风险。TDS 被设计用来测量被研究人群所食用的某种食物的平均量。这种以公共健康为导向的方法与传统的化学物质监测项目不同，因为它关注的是整体饮食中的化学物质，而不是特定的目标食物。此外，在分析之前，考虑到部分家庭烹饪对化学物质分解或形成的影响，准备供消费。TDS 具有两个主要特点：样品的代表性和“消费”样品的制备性，是食品安全和营养方面具有代表性的公共卫生风险评估工具。TDS 在特定人群中实施；关键的四个步骤包括：对目标食品进行分析；平均和较高的食品消费数据；取样、制备；消费数据乘以食品化学品浓度数据得到的暴露评估数据。例如，通过食用大米摄入的黄曲霉毒素总暴露水平为 21.7 ng/（kg bw · d），这突出表明有必要使用 TDS 数据评估主要真菌毒素的膳食暴露总量。

3.4　实际案例——山东市场板栗消费者多种真菌毒素暴露风险评估[11]

本研究收集数据以确定山东省青少年和成人从板栗中摄取 AFs、FBs、DON、ZEA、OTA、T-2、PeA、15-ADON 和 3-ADON 的情况。研究分析了城市和农村个人的消费情况，并评估了单个和组合真菌毒素摄入对健康的潜在风险。研究采用确定性和概率两种方法来估计真菌毒素的每日摄入量。

3.4.1　板栗消费数据

坚果膳食摄入量数据来源于《2010—2013 年中国居民营养与健康调查报告》（表 3-1）。该调查由国家卫生健康委员会开展，于 2018 年发布，覆盖了中国 31 个省份。由于婴儿和儿童（<7 岁）难以咀嚼板栗，因此青少年和成年人被视为板栗的主要消费者。此外，青少年（7～17 岁）被认为是较为脆弱的人群，按体重计算，他们通常消费的农产品比例更大。

表 3-1　坚果消费量及分组消费量

组别	体重（kg）	坚果消耗量（g/d）
7～17 岁青少年	15. 18	2. 70
标准成人	62. 57	3. 70
城市标准成人	66. 57	4. 70
农村标准成人	61. 13	2. 80

3.4.2　暴露评估及风险特征

3.4.2.1　真菌毒素摄入量

根据式（3-1）计算所分析的每种真菌毒素的每日允许摄入量（EDI）以进行暴露评估，并以纳克每天每千克体重（*bw*）表示：

$$EDI = (C \times K) / bw \qquad (3-1)$$

式中，C 为样品中每种真菌毒素的平均浓度，以 μg/kg 表示；K 为该样品的消耗量（单位为 g/d）；bw 是每个人群的体重（单位为 kg）。使用所有污染数据（包括阳性和阴性样本）计算平均真菌毒素浓度[12]。根据欧洲食品安全局（2010 年）的建议，考虑了确定 EDI 平均值的两种暴露情况：下限（LB）和上限（UB）。在第一种情况下，污染和暴露水平被低估，而第二种是高估。根据 LB 情况，应通过对所有未检测到或无法量化结果的样本赋零值来估计饮食暴露。使用 UB 方案，通过将未检测到结果或结果低于 LOD 的任何样品的值指定为 1/2LOD 来估计饮食暴露。

3.4.2.2 真菌毒素的风险特征

除了 AFs 外，所有分析的真菌毒素的每日允许摄入量和随后的风险评估都是推导出来的，因为没有针对致癌化合物的特定 TDI。采用联合国粮农组织/世卫组织食品添加剂联合专家委员会（JECFA）和食品科学委员会制定的临时每日最大耐受摄入量（PMTDI）或 TDI 值作为参考剂量。根据式（3-2），通过比较 EDI 与 TDIm[13]来计算每种真菌毒素的健康风险特征：

$$\%TDI = (EDI / TDIm) \times 100 \qquad (3-2)$$

式中，$\%TDI<100$ 表示可容忍的暴露水平，$\%TDI>100$ 表示不可容忍的暴露水平。DON、OTA、ZEN 和 T-2 毒素的 TDI 值分别为 1 000 ng/（kg bw·d）、170 ng/（kg bw·d）、250 ng/（kg bw·d）和 60 ng/（kg bw·d）[14-15]。在非遗传毒性真菌毒素中，由于缺乏对其体外毒性的结论性研究，青霉酸没有 TDI 或 PMTDI 水平，3-ADON、15-ADON 和 FBs 的 PMTDI 值分别为 60 ng/（kg bw·d）、60 ng/（kg bw·d）和 2 000 ng/（kg bw·d）[14]。

AFB_1 及其混合物已被国际癌症研究机构列为人类致癌物，因此没有为它们确定阈值剂量。一些报告建议使用 MOE 方法来确定遗传毒性和致癌真菌毒素（如 AFs）的风险特征，本研究使用了这种方法。以基准剂量下限（BMDL）除以 AFs 的 EDI 计算 MOE。AFB_1［170 ng/（kg bw·d）］、AFB_2［250 ng/（kg bw·d）］、AFG_1［250 ng/（kg bw·d）］和 AFG_2［250 ng/（kg bw·d）］的 BMDL 值[16]。研究采用了 MOE 方法，用于基因毒性和致癌性化合物（如黄曲霉毒素）的风险特征。MOE 的计算方法是用 170 ng /（kg bw·d）的 BMDL 除以毒素暴露量。

3.4.2.3　统计分析

使用 Microsoft Office Excel 2007 对真菌毒素发生率数据进行分析，并以平均值报告。未检测到的真菌毒素在真菌毒素饮食暴露评估中被评为 0（LB）和 LOD/2（UB）。使用 Microsoft Office Excel 2007 进行积分评估、食物消耗和其他计算。使用@ Risk 7.6 软件进行概率分析模拟，应用最佳拟合函数选择所有真菌毒素浓度的最佳拟合概率分布，并进行全概率模型（蒙特卡罗模拟）。

3.4.3　AFs 的暴露评估

MOE 概念表明，MOE 值＞10 000 被认为是“安全的”，而 MOE 值≤10 000表明对公众健康存在潜在风险，数值越低，相关风险越高。如表 3-2 所示，食用板栗产生的 AFs 的 EDI 值在0.000 925～0.045 8 ng/kg bw。食用板栗产生的 AFG_1 的 EDI 值最高，同时板栗的 AFG_1 平均污染水平也最高。所有消费者的 AFB_1 和 AFG_2 的 MOE 值以及所有成年人和农村成年人在 LB 和 UB 情况下的 AFB_2 的 MOE 值>10 000，青少年和农村成年人在 UB 情况下的 AFB_2 的 MOE 值约为 10 000，这意味着摄入 AFB_1、AFB_2 和 AFG_2 不构成健康风险。相比之下，板栗 AFG_1 的 MOE 值在 5 458～9 298，这表明食用板栗使中国青少年（7～17 岁）和成年消费者暴露于 AFG_1 的风险中。

表 3-2　中国消费者从板栗子中摄入黄曲霉毒素的风险评估

真菌毒素	参数	LB				UB			
		7～17 岁	成人	城市成人	农村成人	7～17 岁	成人	城市成人	农村成人
AFB_1	Mean [ng/（kg bw·d）]	0.147	0.147	0.147	0.147	0.156	0.156	0.156	0.156
	EDI	0.010 7	0.008 71	0.010 4	0.006 75	0.011 4	0.009 22	0.011 0	0.007 14
	MOE[1] [ng/（kg bw·d）]	>10 000	>10 000	>10 000	>10 000	>10 000	>10 000	>10 000	>10 000

（续表）

真菌毒素	参数	LB				UB			
		7~17 岁	成人	城市成人	农村成人	7~17 岁	成人	城市成人	农村成人
AFB_2	Mean [ng/（kg bw·d）]	0.342	0.342	0.342	0.342	0.364	0.364	0.364	0.364
	EDI	0.024 9	0.020 2	0.024 1	0.024 1	0.026 5	0.021 5	0.025 7	0.016 7
	MOE^2 [ng/（kg bw·d）]	>10 000	>10 000	>10 000	>10 000	9 416.972	>10 000	9 727.905	>10 000
AFG_1	Mean [ng/（kg bw·d）]	0.587	0.587	0.587	0.587	0.628	0.628	0.628	0.628
	EDI	0.042 8	0.034 7	0.041 4	0.026 9	0.045 8	0.037 1	0.044 3	0.028 8
	MOE^2 [ng/（kg bw·d）]	5 839.485	7 202.219	6 032.295	9 298.186	5 458.245	6 732.011	5 638.467	8 691.140
AFG_2	Mean [ng/（kg bw·d）]	0.020 2	0.020 2	0.020 2	0.020 2	0.120	0.120	0.120	0.120
	EDI	0.001 47	0.001 20	0.001 43	0.000 925	0.008 75	0.007 80	0.008 47	0.005 50
	MOE^2 [ng/（kg bw·d）]	>10 000	>10 000	>10 000	>10 000	>10 000	>10 000	>10 000	>10 000

注：1：基准剂量下限 170 ng/（kg bw·d）；2：基准剂量下限 250 ng/（kg bw·d）。Mean，EDI 单位为 mg/kg bw/d。

一种使用 MOE 值并评估原发性肝细胞癌风险人群的方法被用于表征 AFs 污染的风险。在成人中的 MOE 平均值，成人比青少年多，而在成人中，农村成年人比城市成年人多，这些值都低于阈值10 000，这表明青少年暴露于 AFG_1 的风险高于成年人，城市成年人高于农村成年人。因此，食用板栗产生的真菌毒素对健康造成的风险应给予更多的关注。虽然有一些相关的研究，但关于板栗中 AFs 的 MOE 值的报道很少。例如，据报道马来西亚食用烤板栗的 AFB_1 的 MOE 值大于 10 000[17]，但没有报道 AFB_2、AFG_1 和 AFG_2 的 MOE 值。

3.4.4 对其他毒素的暴露评估（不包括 AFs）

表 3-3 给出了中国青少年和成人食用板栗的 EDI。在 LB 情况下

(<LOD=0)，青少年通过食用板栗制品摄入的 FB_1 最高［1.976 ng/（kg bw·d）］，其次是 FB_2［1.453 ng/（kg bw·d）］和 DON［1.008 ng/（kg bw·d）］。对所有具有可用 TDI 的真菌毒素（PeA 没有可用 TDI）进行风险评估，即 OTA、FB_1、FB_2、FB_3、ZEN 和 DON，TDI 百分比值见表 3-3。15-ADON、3-ADON 和 T-2 毒素没有被检测到，所以没有展示。所有%TDI 值均<1，表明通过食用板栗和随后接触这些真菌毒素对消费者健康没有风险。Sara 等[13]报告了在葡萄牙通过食用坚果（杏仁、花生、腰果、榛子、核桃、巴西坚果、松子）摄入 OTA、FB_1、FB_2、ZEN、DON、15-ADON、3-ADON、T-2 毒素和 HT-2 毒素的情况。在该研究中，基于坚果产品的摄入量为 FB_2［1.93 ng/（kg bw·d）］，其次是 DON［1.22 ng/（kg bw·d）］；所有% TDI 值均<1，表明来自这些产品的 OTA、FB_1、FB_2、ZEN、DON、15-ADON、3-ADON 和 T-2 毒素对中国消费者不构成健康风险。尽管有这些令人欣慰的结果，但有必要强调的是，目前的研究仅以板栗为研究对象，而板栗在中国人的日常饮食中只占很小的一部分。

表 3-3 中国板栗消费者摄入真菌毒素（不含 AFs）的膳食暴露及风险评估

真菌毒素	参数	LB				UB			
		7~17 岁	成人	城市成人	农村成人	7~17 岁	成人	城市成人	农村成人
FB_1	Mean［ng/（kg bw·d）］	26.870	26.870	26.870	26.87	27.095	27.095	27.095	27.095
	EDI［ng/（kg bw·d）］	1.960	1.589	1.897	1.231	1.976	1.602	1.913	1.241
	%/TDI	0.098 0	0.079 4	0.094 8	0.061 5	0.098 8	0.080 1	0.095 6	0.062 0
FB_2	Mean［ng/（kg bw·d）］	19.807	19.807	19.807	19.807	19.927	19.927	19.927	19.927
	EDI［ng/（kg bw·d）］	1.445	1.171	1.398	0.907	1.453	1.178	1.407	0.913
	%/TDI	0.072 2	0.058 6	0.069 9	0.045 4	0.072 7	0.058 9	0.070 3	0.045 6

（续表）

真菌毒素	参数	LB				UB			
		7~17 岁	成人	城市成人	农村成人	7~17 岁	成人	城市成人	农村成人
FB_3	Mean [ng/（kg bw·d）]	2.827	2.827	2.827	2.827	2.968	2.968	2.968	2.968
	EDI [ng/（kg bw·d）]	0.206	0.167	0.200	0.129	0.216	0.176	0.210	0.136
	%/TDI	0.010 3	0.008 36	0.009 98	0.006 47	0.010 8	0.008 78	0.010 5	0.006 80
DON	Mean [ng/（kg bw·d）]	0.514	0.514	0.514	0.515	1.008	1.008	1.008	1.008
	EDI [ng/（kg bw·d）]	0.037 5	0.030 4	0.036 3	0.023 5	0.073 5	0.059 6	0.071 2	0.046 2
	%/TDI	0.003 75	0.003 04	0.003 63	0.002 35	0.007 35	0.005 96	0.007 12	0.004 62
ZEN	Mean [ng/（kg bw·d）]	8.838	8.838	8.838	8.838	8.862	8.862	8.862	8.862
	EDI [ng/（kg bw·d）]	0.645	0.523	0.624	0.405	0.646	0.524	0.626	0.406
	%/TDI	0.258	0.209	0.250	0.162	0.258	0.210	0.250	0.162
OTA	Mean [ng/（kg bw·d）]	0.354	0.354	0.354	0.354	0.395	0.395	0.395	0.395
	EDI [ng/（kg bw·d）]	0.025 8	0.020 9	0.025 0	0.016 2	0.028 8	0.023 3	0.027 9	0.018 1
	%/TDI	0.015 2	0.012 3	0.014 7	0.009 54	0.016 9	0.013 7	0.016 4	0.010 6
Pe A	Mean [ng/（kg bw·d）]	0.276	0.276	0.276	0.276	0.766	0.766	0.766	0.766
	EDI [ng/（kg bw·d）]	0.020 1	0.016 3	0.019 5	0.012 6	0.055 9	0.045 3	0.054 1	0.035 1
	%/TDI	—	—	—	—	—	—	—	—

注：Mean，EDI 单位为 ng/kg bw/d。

3.4.5 概率分析

用于真菌毒素暴露的点评估法通常不考虑与食物消费和污染水平参数相关的可变性和不确定性，导致在某些情况下不现实的暴露计算[18]。相比之下，概率方法考虑到每个变量可以假设的每一个可能的值，并为其发生的概率对每个可能的场景进行加权，从而允许更准确地预测真菌毒素摄入分布特征。使用@ Risk 软件获得的真菌毒素发生和消费数据参数的最佳拟合分布如表 3-4 所示。如前所述，基于点评估法的风险评估结果（与概率法的结果相同），青少年对 AFs 的暴露高于成年人，城市成年人的暴露高于农村成年人，两个人群之间除 AFs 外的真菌毒素没有显著差异。

表 3-4　青少年和成人接触 10 种真菌毒素的概率评估（百分位数）

真菌毒素	参数	LB				UB			
		7~17 岁	成人	城市成人	农村成人	7~17 岁	成人	城市成人	农村成人
AFB_1	50th	>10 000	>10 000	>10 000	>10 000	>10 000	>10 000	>10 000	>10 000
	90th	6 818.924	8 410.225	7 044.074	>10 000	>10 000	>10 000	>10 000	>10 000
	95th	5 270.348	6 500.265	5 444.366	8 391.952	>10 000	>10 000	>10 000	>10 000
AFB_2	50th	>10 000	>10 000	>10 000	>10 000	>10 000	>10 000	>10 000	>10 000
	90th	4 337.795	5 350.087 0	4 481.022	6 907.053	>10 000	>10 000	>10 000	>10 000
	95th	3 342.915	4 123.036 2	3 453.293	5 322.91	>10 000	>10 000	>10 000	>10 000
AFG_1	50th	8 396.915	>10 000	8 674.168	>10 000	>10 000	>10 000	>10 000	>10 000
	90th	2 538.844	3 138.304	2 622.672	4 042.59	>10 000	>10 000	>10 000	>10 000
	95th	1 944.848	2 395.200	2 009.064	3 096.774	7 330.307	9 040.947	7 572.342	>10 000
AFG_2	50th	>10 000	>10 000	>10 000	>10 000	>10 000	>10 000	>10 000	>10 000
	90th	>10 000	>10 000	>10 000	>10 000	>10 000	>10 000	>10 000	>10 000
	95th	>10 000	>10 000	>10 000	>10 000	>10 000	>10 000	>10 000	>10 000
FB_1	50th	0.067 9	0.055 0	0.065 7	0.042 6	0.001 28	0.001 04	0.001 24	0.000 806
	90th	0.226	0.182 9	0.218	0.142 1	0.002 83	0.002 29	0.002 74	0.001 78
	95th	0.294	0.238	0.284	0.184	0.003 99	0.003 23	0.003 86	0.002 50

（续表）

真菌毒素	参数	LB				UB			
		7~17岁	成人	城市成人	农村成人	7~17岁	成人	城市成人	农村成人
FB_2	50th	0.050 3	0.040 8	0.048 7	0.031 6	0.001 19	0.000 967	0.001 15	0.000 749
	90th	0.167	0.135	0.161	0.105	0.474	0.005 95	0.007 11	0.004 61
	95th	0.217	0.176	0.210	0.136	0.016 2	0.013 2	0.015 7	0.010 191
FB_3	50th	0.007 15	0.005 80	0.006 93	0.006 93	0.000 679	0.000 551	0.000 657	0.000 427
	90th	0.023 7	0.019 2	0.023 0	0.014 9	0.001 12	0.000 908	0.001 08	0.000 703
	95th	0.030 9	0.025 1	0.029 9	0.019 4	0.001 38	0.001 12	0.001 34	0.010 2
DON	50th	0.002 60	0.002 11	0.002 52	0.001 63	0.003 78	0.003 06	0.003 65	0.002 37
	90th	0.008 64	0.007 01	0.083 7	0.005 43	0.004 09	0.003 32	0.003 96	0.002 57
	95th	0.011 2	0.009 11	0.010 9	0.007 06	0.004 24	0.003 43	0.004 1	0.002 66
ZEN	50th	0.178	0.145	0.173	0.112	0.000 859	0.000 697	0.000 832	0.000 54
	90th	0.589	0.477	0.570	0.370	0.001 25	0.001 02	0.001 21	0.000 787
	95th	0.768	0.622	0.743	0.482	0.001 48	0.001 20	0.001 43	0.000 93
OTA	50th	0.010 6	0.008 58	0.010 2	0.006 65	0.003 32	0.002 69	0.003 22	0.002 09
	90th	0.035 1	0.028 5	0.034 0	0.022 1	0.009 21	0.007 47	0.008 92	0.005 78
	95th	0.045 7	0.037 0	0.044 2	0.028 7	0.014 4	0.011 7	0.014 0	0.009 07

通过概率评估方法获得的AFs的MOE值如表3-4所示。比较确定性方法（表3-2）和概率方法（表3-4）获得的真菌毒素MOE值，某些情况存在差异，表明不同的风险特征。例如，基于确定性方法的风险表征结果表明，食用板栗导致的AFB_1和AFB_2的平均每日暴露对中国青少年和成年人没有健康风险。然而，基于概率方法，食用板栗对AFB_1和AFB_2的MOE值在第90百分位和第95百分位（LB估计）<10 000，表明食用板栗暴露于AFB_1和AFB_2存在潜在的健康风险。板栗AFG_1在第95百分位的MOE值<10 000，而在第50和第90百分位的MOE值>10 000（UB估计），不同于点评估和概率法（LB估计）的结果<10 000（不包括成人和农村成人在第50百分位的LB估计结果）。这表明，通过食用板栗暴露于AFG_1对中国青少年和成年人构成潜在的健康风险。根据UB和LB估计以及点评估，AFG_2的MOE值均>10 000，表明通过食用板栗暴露于

AFG_2 对中国青少年和成人没有健康风险。通过确定性方法（表3-2）和概率方法（表3-4）获得的 FB_1、FB_2、FB_3、DON、ZEN和OTA的%TDI值均<100，表明通过食用板栗每日摄入这些真菌毒素不会对中国消费者构成健康风险。

基于点评估和概率法对板栗中多种真菌毒素进行了一些风险评估。有研究通过饮食摄入板栗评估了暴露于多种真菌毒素的健康风险，并使用了点评估和概率评估方法，但他们将坚果作为一个群体进行评估，其中包括核桃（n=35）、板栗（n=33）、榛子（n=20）、松子（n=20）和杏仁（n=25），而不是只关注板栗。相对于其他坚果，如榛子、松子和杏仁，板栗具有较高的水分活性，较高的水分水平和较高的淀粉含量，因此更有可能适合不同的真菌毒素真菌的生长。

3.4.6 AFs和FBs的累积风险评估

计算出的中国青少年和成人受AFs污染样本的综合风险特征，以及中国青少年和成人受AFs和FBs污染样本的FBs的综合风险特征见表3-5。本研究中板栗真菌毒素的检测结果证实了研究人群同时暴露于多种真菌毒素。Ricardo等[19]的报告基于累积评价的概念，采用了危害指数（hazard index，HI）和联合暴露边际指数（combined margin of exposure index，MOET）两种方法进行累积风险评价。HI是基于每个成分的个体风险对总风险的估计，用于FBs的非遗传毒性真菌毒素分析。MOET用于基因毒性和致癌性真菌毒素（即AFs）的累积风险评估。MOET的结果值为>10 000，HI的结果值<100，表明没有理由担心通过食用这些板栗样品暴露于联合真菌毒素污染。然而，研究显示，通过食用板栗累积暴露于AFs确实对中国青少年和成年人构成潜在的健康风险，因为基于概率方法，AFs累积暴露的MOET值在第50百分位<10 000。对于 AFG_1（被认为是最有效的黄曲霉毒素），较高百分位数的摄入量的MOE值<10 000（P_{50}），表明存在潜在的健康问题。

本研究进行了不同情况下中国青少年和成人食用板栗中多种真菌毒素，特别是新兴真菌毒素的累积风险评估。

表 3-5　使用确定性方法（DA）和概率方法（PA）对人群中 AFs 和 FBs 联合风险评估结果

组别		黄曲霉毒素（AFs）/MOET①				伏马毒素（FBs）/HI②			
		DA	PA			DA	PA		
			50th	90th	95th		50th	90th	95th
<LOD=0	7~17 岁	2 940. 992	4 231. 389	1 274. 431	979. 662	0. 180	0. 125	0. 416	0. 541
	成人	3 627. 318	5 239. 142	1 573. 597	1 207. 39	0. 146	0. 102	0. 337	0. 439
	城市成人	3 038. 099	4 371. 103	1 316. 511	1 012. 009	0. 175	0. 121	0. 403	0. 524 2
	农村成人	4 041. 449	6 737. 623	2 029. 271	1 559. 912	0. 113	0. 081 2	0. 261	0. 340
<LOD=1/2LOD	7~17 岁	2 555. 855	>10 000	6 646. 800	4 482. 412	0. 003 16	0. 478	0. 481	0. 003 16
	成人	3 152. 304	>10 000	8 197. 933	3 835. 086	0. 002 56	0. 009 16	0. 011 7	0. 002 56
	城市成人	2 725. 619	>10 000	6 866. 266	4 630. 414	0. 003 05	0. 010 9	0. 014 0	0. 003 05
	农村成人	4 069. 677	>10 000	>10 000	7 137. 325	0. 001 98	0. 007 09	0. 009 07	0. 001 98

注：①$MOET = 1/[(1/MOE_{AFB1}) + (1/MOE_{AFB2}) + (1/MOE_{AFG1}) + (1/MOE_{AFG2})]$；②HI=$FB_1$，$FB_2$，and FB_3 的%TDI 总和。

3. 4. 7　不确定性

在这些评估中有几个不确定的因素。第一个因素是根据坚果的粗消费量估算板栗的消费量数据，这可能会增加整体的不确定性，因为不同的坚果消费量肯定是可变的。例如，榛子、松子和杏仁在收获和干燥后可以直接食用，而且它们易于储存、运输和销售，但板栗通常需要在-2~0℃并考虑到消费肯定会随着时间、季节和人口的地理分布而变化，这可能会增加消费水平的不确定性。第二个不确定因素来自从《中国居民营养与健康调查报告》中获得的膳食摄入量数据的外推，而不是使用山东省的特定数据（没有具体数据）。这种外推可能导致对特定领域的过度暴露。例如，据报道产区的干枣消费量高于非产区，传统节日期间的干枣消费量高于一年中的其他时间。

另一个不确定性来自将低于 LOD 的浓度数据设置为零（LB）或 1/2 LOD（UB）。表 3-2 至表 3-5 给出了风险表征的结果。当使用点评估方法时，LB 和 UB 场景的结果是相似的，但当使用概率方法时，结果会有所不同。例如，在累积风险表征中，根据 MOET，在 UB 的第 50 个百分位数上，累积暴露于 AFs 的值>10 000，而使用概率方法，LB 的值<10 000。使用概率方法的 UB 的 MOET 值与使用点方法的 MOET 值更相似。已知 UB 的这种情况代表了真菌毒素饮食暴露评估的最坏情况，并且可能高估了污染和暴露水平。相比之下，存在低估 LB 污染和暴露水平的风险。

3.4.8　结论

在中国青少年（7~17 岁）以及城市和农村成年人中，评估了基于板栗消费的 14 种真菌毒素的每日暴露量和风险特征。文献调查显示，中国板栗中多种真菌毒素的风险评估，包括 AFs、FBs、OTA、ZEN、DON、3-DON、15-DON、T-2 毒素，尤其是 Pe A，以前没有详细的或专门针对青少年的报道。总体而言，本研究检测的 14 种真菌毒素对食用板栗的中国青少年和成年人构成的健康风险似乎相对较低。然而，根据点评估法和概率法的风险评估结果，青少年的真菌毒素暴露率高于成年人，城市成年人高于农村成年人。应考虑整个饮食中的真菌毒素摄入量，以获得完整的风险评估图，特别是因为板栗在常见消费习俗中属于副食。这项研究的结果还表明，需要进一步研究真菌毒素累积风险评估，以建立法律标准，确保个人健康。此外，为了减少板栗中真菌毒素的产生，板栗应冷藏，消费者应避免食用超过一年的板栗。

参考文献

[1] 吴限鑫，林秋君，郭春景，等. 国内外主要粮油产品中真菌毒素限量、检测标准及风险评估现状分析［J］. 中国粮油学报，2019，34（9）：130-138.

[2] Hoteit M，Abbass Z，Daou R，et al. Dietary exposure and risk assessment of multi-mycotoxins（AFB_1，AFM_1，OTA，OTB，DON，T-2 and HT-2）in the Lebanese food basket consumed by adults：findings from the updated Lebanese national consumption survey through a total diet study approach［J］. Toxins，2024，16（3）：158.

[3] 杨杏芬，吴永宁，贾旭东，等. 食品安全风险评估：毒理学原理、方法与应用［M］. 北京：化学工业出版社，2017.

[4] Ndiaye S, Zhang M, Fall, M, et al. Current review of mycotoxin biodegradation and bioadsorption: Microorganisms, mechanisms, and main important applications [J]. Toxins, 2022, 14: 729.
[5] Fadia B T, FadiaK, Yasir M, et al. Review: biotechnology of mycotoxins detoxification using microorganisms and enzymes [J]. Toxicon, 2019, 160: 12-22.
[6] 杨俊花，刘峰良，杨海峰，等. 伏马毒素毒性作用的研究进展 [J]. 上海农业学报，2015，2：142-146.
[7] Liu L, Xie M, Wei D. Biological detoxification of mycotoxins: currentstatus and future advances [J]. International Journal of Molecular Sciences, 2022, 23: 1064.
[8] 陈璐. 陕西小麦及其制品中呕吐毒素膳食暴露及风险评估 [D]. 杨陵：西北农林科技大学，2015.
[9] Nijs M D, Mengelers M J B, Boon P E, et al. Strategies for estimating human exposure to mycotoxins via food [J]. World Mycotoxin Journal, 2016, 9 (5): 1-16.
[10] Youssfi M E, Akhdari S E, Jalil M H E, et al. Mycotoxins status in Morocco during the period 2011-2024: Monitoring in food and feed, risk assessment and regulation aspects [J]. Food Control, 2025, 172: 111151.
[11] Liang J, Ning M, Guan S, et al. Risk assessment of multiple-mycotoxin exposure for consumers of chestnuts in Shandong Province markets in China [J]. Food Additives & Contaminants: Part A, 2021, 38: 2137-2150.
[12] Andrade P D, Caldas E D. Aflatoxins in cereals: worldwide occurrence and dietary risk assessment [J]. World Mycotoxin Journal, 2015, 8: 415-431.
[13] Sara C C, Soraia V M S, José O F. Multiple mycotoxin analysis in nut products: Occurrence and risk characterization [J]. Food & Chemical Toxicology, 2018, 114: 260-269.
[14] Joint FAO/WHO Expert Committee on Food Additives. Safety evaluation of certain mycotoxins in food. Prepared by the fifty-sixth

Meeting of the Joint FAO/WHO Expert Committee on Food Addives (JECFA) [D]. Rome: FAO, 2001.

[15] Authority E F S. Management of left-censored data in dietary exposure assessment of chemical substances [J]. EFSA Journal, 2010, 8 (3): 1557.

[16] Andrew, Renwick, Jean - Charles, et al. Application of the margin of exposure (MOE) approach to substances in food that are genotoxic and carcinogenic. Example: Leucomalachite green [J]. Food and Chemical Toxicology, 2010, 48: S106-S111.

[17] Leong Y H, Ismail N, Latif A A, et al. Aflatoxin occurrence in nuts and commercial nutty products in Malaysia [J]. Food Control, 2010, 21: 334-338.

[18] Saima M, Marthe D B, Sarah D S, et al. Multiple mycotoxins in rice: Occurrence and health risk assessment in children and adults of Punjab, Pakistan [J]. Toxins, 2018, 10: 77.

[19] Ricardo A, Elsa V, Baltazar N, et al. Alvito, Single-compound and cumulative risk assessment of mycotoxins present in breakfast cereals consumed by children from Lisbon region, Portugal [J]. Food and Chemical Toxicology, 2015, 86: 274-281.

第 4 章　农产品中真菌毒素生物防控技术

农产品易受多种真菌污染。据联合国粮食及农业组织（FAO）统计，全世界约有 25%的粮食遭受不同程度的真菌及毒素污染。真菌污染不仅可能会导致粮食品质下降、损失率增加，部分真菌次级代谢产物还有致癌、致畸、造成死亡等危害。由镰刀菌产生的呕吐毒素主要作用于消化系统的胃和肠道，黄曲霉产生的黄曲霉毒素是致癌、致畸最强的毒素，另外还有玉米赤霉烯酮、伏马毒素、赭曲霉毒素等。这些真菌毒素污染的谷物制成饲料，会通过食物链导致肉、奶和蛋制品含有毒素，给人畜增加了巨大的安全隐患。传统物理化学脱毒技术虽有一定效果，但易破坏农产品品质或产生二次污染，而生物防控技术因其高效、绿色和靶向性强的特点，成为国际农产品安全领域的研究热点。

4.1　农产品中真菌毒素污染现状

真菌污染是粮食储存和加工过程中的主要问题之一，不仅导致粮食霉变、营养价值下降，还可能产生真菌毒素，威胁人类和动物健康。

4.1.1　农产品中主要污染真菌种类及真菌毒素

近年来，国内外对粮食中真菌毒素污染的报道日益增多，2020 年真菌毒素全球调研报告显示，呕吐毒素在欧洲、北美、中东等地区谷物中的阳性率为 60%~78%，在南美洲和亚洲，阳性率高达 61%和 71%。近十年来欧洲农产品和食品中真菌毒素的总结报告表明，呕吐毒素污染最严重，分布最广。Murshed 等在 2019 年检测也门大豆样品中黄曲霉毒素的含量发现，有 72.3%的大豆样品被黄曲霉毒素污染，污染水平为 4.13 μg/kg[1]。杨晓东等在 2022 年研究发现四川省薏米主要受伏马毒素污染，玉米主要受呕吐毒素、伏马毒素污染，大米主要检出伏马毒素和玉米赤霉烯酮[2]。张欣烨等对河南省2019—2020 年谷类食品中 7 种真菌毒素污染状况进行调查显示，谷类样品中真菌毒素的总检出率为 53.4%[3]。可见，国内外谷物粮食及其制品中普遍存在真菌毒素的污染（表 4-1），但污染程度随地域、气候等因素差异而不同。

表 4-1　农产品中主要污染真菌种类及真菌毒素

真菌属	常见毒素	主要污染粮食
曲霉属（*Aspergillus*）	黄曲霉毒素（AFB_1）、赭曲霉毒素	玉米、花生、大米、坚果
镰刀菌属（*Fusarium*）	脱氧雪腐镰刀菌烯醇（DON）、玉米赤霉烯酮（ZEN）	小麦、大麦、玉米
青霉属（*Penicillium*）	展青霉素、橘霉毒素	水果、谷物、奶酪
链格孢属（*Alternaria*）	链格孢毒素（Te A、AOH）	小麦、番茄、苹果

4.1.2　农产品真菌毒素污染来源

农产品中真菌毒素的污染来源可分为自然因素和人为因素两大类，涉及田间管理、收获、储藏、加工等全链条环节。田间生长阶段受作物品种、施肥不当、虫害、特殊天气、耕作方式等影响，均可造成污染真菌爆发及真菌毒素积累。张娜娜等对不同小麦、玉米品种几个重要生育期的污染真菌种类及真菌毒素进行了研究。玉米选用郑单 958、青农 11 和宇玉 268 三个品种，对授粉后 0 d、12 d、23 d、35 d、45 d 和 55 d 籽粒污染真菌进行分离与鉴定，并分析真菌数量与籽粒中呕吐毒素、黄曲霉毒素 B_1 和玉米赤霉烯酮含量的关系。结果表明，从玉米籽粒中分离出的优势病原真菌为镰孢属尖孢镰刀菌、轮枝镰刀菌、藤仓镰刀菌，青霉属草酸青霉，曲霉属黄曲霉和毛霉属多变根毛霉。处于成熟期的玉米籽粒真菌污染率高于生育初期，镰刀菌和黄曲霉在授粉后 45 d 污染率最高。呕吐毒素和黄曲霉毒素 B_1 含量是动态积累的，但玉米赤霉烯酮含量变化比较平稳，呕吐毒素和玉米赤霉烯酮含量与产毒真菌不具备相关性，黄曲霉毒素 B_1 受生育期影响较大，与产毒真菌具备显著相关性。可以认为玉米籽粒成熟期是控制真菌生长和真菌毒素污染的关键阶段，且玉米品种之间差别不大。小麦选取了济麦 22、济麦 23、济麦 229、济麦 44 和济糯麦 1 号等 5 个山东省主要栽培小麦品种，对其生长发育和采后入仓期间籽粒的真菌污染以及呕吐毒素积累情况进行了调查。从小麦生育期及采后入仓期间共分离到 603 株真菌，分属 9 个属，分别是镰孢属、曲霉属、青霉属、交链孢属、毛霉属、根霉属、毛壳菌属、篮状菌属和黑孢霉属。小麦籽粒成熟期真菌污染和呕吐毒素积累最严重。济麦 22 和济麦 23 受真菌污染最轻，其次是济麦 44 和济糯麦 1 号，济麦 229 污染最重。结果表明，小麦受真菌和毒素污染的程度与籽粒生育期和品种相关，小麦籽粒成熟期前是小麦病害与呕吐毒素污染防控的关键阶段，可以在小麦成熟期前采取措施对真菌污染和呕吐毒素积累进行防控[4-5]。

在储藏阶段，影响粮食真菌生长繁殖及产毒的因素很多，与储藏环境密切相关。不适宜的储粮环境可以促进真菌生长、繁殖，增加产毒量，适宜的储粮环境会抑制真菌的生长产毒。例如，农作物收获后，水分含量较高，如果不及时脱水干燥，储藏不当极易造成霉变，收获脱水过程中机械损伤、虫蚀等造成籽粒破损也增加了霉变和毒素积累的风险[6]。张守梅等对山东省部分地区 2018 年储藏玉米的表面污染真菌进行了调查。共获得真菌菌株 169 株，经形态学鉴定隶属于 8 个属：镰刀菌属、青霉属、曲霉属、交链孢属、枝顶孢属、根霉属、枝孢属、篮状菌属。其中，镰刀菌、青霉、曲霉分离获得的数量最多，镰刀菌种类是引起玉米穗腐病的主要病原菌，其污染主要来自田间。随玉米仓储时间延长，优势真菌改变为青霉属和曲霉属。研究表明，山东地区玉米真菌污染初期以田间污染为主，储藏过程中优势菌群受环境影响发生改变[7]。

4.2 农产品中真菌毒素控制方法

目前降解农产品中产生的真菌毒素的传统方法主要有物理法、化学法和生物学方法。随着技术的逐步发展，一些新的降解方式出现，包括集成上述 3 种方法整合的降解技术、无害化利用人体饮食干预调控降解技术以及利用转基因技术优化后的降解技术等。

4.2.1 物理法

物理法，是指利用物理消减将真菌杀死或使真菌毒素降解的技术手段，包括水洗法、挑除法、吸附法（活性炭、黏土、硅酸盐、矿物沸石等）、加热去毒法（焙烤、高压蒸煮等）、紫外线法等。

4.2.1.1 挑除法

挑除法简单操作，如小麦赤霉病粒颜色呈白色或粉色，质量很轻，形态干瘪，通过色选或风选的方法将其去除，可以大大降低原粮中呕吐毒素和赤霉烯酮类的真菌毒素。

4.2.1.2　水洗法

水洗法一般是玉米湿法制备淀粉的过程中，浸泡可以将一些水溶性的真菌毒素溶解到浸泡液中。

4.2.1.3　吸附法

吸附法主要通过吸附作用，以达到降低农产品中有毒物含量的目的。Huwig 等使用水合铝硅酸钠钙和含硅酸铝的黏土吸附玉米赤霉烯酮，效果不明显，而采用十六烷基吡啶或十六烷基改性的蒙脱土吸附玉米赤霉烯酮，吸附力可达 0.108 mg/kg，其降解原理可能由于黏土表面具有疏水性，而玉米赤霉烯酮对疏水性物质具有高亲和力[8]。Avantaggiato 等采用一种胆汁酸结合树脂——消胆胺和活性炭作为霉菌毒素吸附剂[9]。结果证明上述两种物质是玉米赤霉烯酮解毒的优质吸附剂，可用作饲料添加剂，以防止家畜摄入玉米赤霉烯酮而导致中毒。

4.2.1.4　辐照法

Shahzad 等用剂量为 2 kGy、4 kGy 和 6 kGy 的 γ 射线辐照感染黄曲霉毒素的辣椒。结果表明，剂量为 6 kGy 的 γ 射线辐照可将黄曲霉毒素减少 5 个 Log 对数级。此外，6 kGy 的 γ 射线辐照可将辣椒表皮及整个辣椒中黄曲霉毒素含量降低 1~2 个对数级[10]。

4.2.2　化学法

化学法是通过引入化学物质，如过氧化氢、臭氧等破坏真菌毒素，例如 10%过氧化氢在 80℃下反应 16 h，玉米赤霉烯酮降解率最高达 83.9%，在相同条件下反应 8 h，玉米赤霉烯酮降解率最高达 75%。臭氧处理黄曲霉毒素 B_1 具有很好的效果，臭氧使黄曲霉毒素 B_1 终端呋喃环上双键产生共轭加成反应因而导致毒性降低。

4.2.3　生物法

生物法消减真菌毒素是指利用微生物或菌株与产毒素菌株形成抑制竞争或与毒素结合实现毒素毒性降低或产毒素能力减弱而达到削除风险的目的。Yi 等从土壤样品中分离出地衣芽孢杆菌，该菌株可降解玉米赤霉烯酮[11]。在 LB 培养基中加入 2 mg/kg 浓度的玉米赤霉烯酮，培养 36 h 后，地衣芽孢杆菌可降解 95.8%的玉米赤霉烯酮。在玉米赤霉烯酮污染的玉米粉培养基中，培养 36 h 后，地衣芽孢杆菌可降解掉 98%以上的玉米赤霉烯酮。Samuel 等通过体外实验，发现枯草芽孢杆菌 168 和纳豆芽孢杆菌 CICC 24640 均能吸附和降解玉米赤霉烯酮[12]。在玉米赤霉烯酮浓度为 20 μg/L 的液体溶液中，分别加入上述两种未处理、经高温灭菌（121℃，20 min）处理以及酸处理过的细胞，在有氧条件 37℃下培育 1.5 h，每种细胞均可吸附超过 55%的玉米赤霉烯酮。Yoko 等从麦田土壤样本中分离出诺卡氏菌属的细菌，在含 1 000 mg/L的 DON 的培养基中培育 10 d，可降解 100%[13]。Péteri 等发现在 20℃条件下处理 15 d，Phaffia 酵母可降解超过 90%的 OTA[14]。

4.2.4 综合法

Jalili 等研究利用亚硫酸钠结合不同压力和温度对黑胡椒中黄曲霉毒素 B_1、B_2、G_1、G_2 以及 OTA 的影响[15]。第一种处理是在常压下，100℃沸水中处理 30 min。第二种是在 150 kPa 高压下，121℃中处理 15 s。通过 HPLC 联合使用荧光检测 AF 及 OTA 浓度。结果显示，高压且浓度为 2%的亚硫酸钠盐处理，对 OTA、黄曲霉毒素 AFB_1、AFB_2、AFG_1 和 AFG_2 的最高消除率分别为 96.0%、96.1%、77.7%、100%和 100%。

联合多种控制措施以实现削除真菌毒素风险，对人类动物无害化、环境友好化是未来必然的发展方向。另外，过分强调风险削除一方面会过分依赖于后端的风险控制，另一方面会给农业产业带来不必要的经济损失。因此，利用好风险综合防控体系中前端“预防”与后端风险“控制”，才能真正意义地降低甚至消除真菌毒素对人体及畜禽的健康影响，同时还能保持未来发展的可持续性。前端包括田间及采后综合防控降解技术，增强田间管理，合理利用化学杀菌剂、生物菌剂、菌肥控制作物真菌污染；通过改善储藏环境，避免因为储藏环境不当引起的粮食霉变和真菌毒素积累。在后端农产品加工过程中通过各种物理、化学和生物等多种技术相结合，消除已经产生的真菌毒素，保证农产品质量安全。

4.3 小麦玉米中真菌毒素生物防控技术

真菌毒素污染是威胁农产品质量安全与产业链稳定的全球性难题。传统化学防控手段虽具有一定效果，但存在农药残留、环境压力及真菌耐药性等潜在风险。而物理防控方法（如辐照、高温处理、吸附剂等）虽能部分降解或去除毒素，却往往面临能耗高、设备依赖性强、影响农产品品质等局限性，难以在农业生产全链条中大规模推广。在此背景下，生物防控技术因其环境友好性、靶向性和可持续性优势，逐渐成为真菌毒素综合防控体系的核心研究方向。

收获前减少田间真菌的初侵染源，降低病害的发生从而减少毒素的产生可以有效降低后续毒素降解和清除的成本和难度。田间拮抗微生物通过微生物种间竞争或代谢产物抑制产毒真菌生长，从源头阻断毒素合成。由于在粮食作物收获前很难做到对真菌及其毒素的防控万无一失，并且粮食仓储过程中也会受到真菌污染和毒素积累，因此对相关农产品收获后进行生物防控也是一种极其重要的降低毒素污染水平、减少经济损失的有效方法。植物精油以其广谱抑菌活性和天然可降解特性，为储藏环节提供绿色解决方案，而智能通风技术则通过智能化调控，快速降低水分，减少真菌侵染和毒素产生，实现真菌毒素防控的规模化应用。因此，本节从产前和产后两个环节，微生物拮抗、植物精油和智能通风技术三种措施，覆盖农产品“田间—采后—储运”全链条，共同构成真菌毒素生物防控的多维技术网络。本节内容旨在为农产品安全生产提供理论支撑与技术参考，推动真菌毒素防控从化学依赖型向生态调控型的转型升级。

4.3.1　贝莱斯芽孢杆菌抑制田间生长阶段真菌侵染作用研究

前期实验室从环境中分离获得一株芽孢杆菌，形态及分子鉴定该菌株为贝莱斯芽孢杆菌 YH03。对其产胞外酶和脱羧酶、产生物膜、碳氮源利用、V-P、甲基红、厌氧生长、耐受性等生理生化特性和生长曲线、最适温度和 pH、定殖动态等生物学特性进行了研究。结果显示，贝莱斯芽孢杆菌 YH03 是一株革兰氏阳性菌，V-P、硝酸盐还原、明胶液化呈阳性，甲基红、厌氧生长呈阴性。具有分泌产生蛋白酶、淀粉酶、脂肪酶、纤维素酶等胞外酶及鸟氨酸脱羧酶、精氨酸脱羧酶、赖氨酸脱羧酶等脱羧酶的能力，能够对葡萄糖、D-果糖、L-阿拉伯糖、丙酸盐、纤维素、淀粉等 12 种碳源和氯化铵、磷酸二氢铵、牛肉膏、酵母膏、尿素、蛋白胨、硫酸铵、碳酸氢铵、硝酸钠、硝酸铵 10 种氮源进行有效分解利用。高度耐受干旱和重金属，中度耐盐。

4.3.1.1 贝莱斯芽孢杆菌防治玉米病害作用

（1）玉米穗腐病病情统计

在2022年玉米大田试验中（表4-2），病原菌（FG）处理下，郑单958和京农科728玉米穗腐病发生级别普遍在5级以上，主要集中在9级。生物防治（FGB）处理下，郑单958和京农科728较化学防治（FGH）处理更能有效控制发病程度，此处理下主要集中在3级以下。其中，FGB处理下的郑单958表现为不发病。在2022年盆栽玉米试验中，接种镰刀菌的郑单958穗腐病（FG）发生级别在7级以上，主要集中在9级，同处理下的京农科728穗腐病（FG）发生级别主要集中在7级以上。与化学防治相比，生物防治下的郑单958与京农科728更多集中在低发生级别，其中郑单958表现为不发病。在2023年大田玉米试验中，所有接种禾谷镰刀菌的玉米果穗均达到9级。生物防治处理下，郑单958和京农科728穗腐病发生级别均在1级以下，仅有个别果穗发生级别为9级。综上所述，施用YH03进行生物防治的防治效果更佳，较化学防治更能抑制玉米穗腐病的大规模暴发。

表4-2 不同时间、不同处理组玉米穗腐病发生级别分布

年份	玉米品种	处理	玉米穗腐病发生级别（%）					
			0	1	3	5	7	9
2022	京农科728	FG	0	0	0	17.39	13.04	69.57
		FGB	72.73	4.55	18.18	0	0	4.55
		FGH	60	0	5	0	15	20
	郑单958	FG	0	0	0	12	16	72
		FGB	100	0	0	0	0	0
		FGH	73.68	5.26	21.05	0	0	0
	京农科728（盆栽）	FG	0	3.85	3.85	7.69	23.08	61.54
		FGB	52	28	0	0	4	16
		FGH	33.33	40	0	0	20	6.67
	郑单958（盆栽）	FG	0	0	0	0	5.88	94.12
		FGB	100	0	0	0	0	0
		FGH	72.22	22.22	0	0	5.56	0

（续表）

年份	玉米品种	处理	玉米穗腐病发生级别（%）					
			0	1	3	5	7	9
2023	京农科 728	FG	0	0	0	0	0	100.00
		FGB	86.67	10	0	0	0	3.33
		FGH	65.71	2.86	8.57	0	8.57	14.29
	郑单 958	FG	0	0	0	0	0	100.00
		FGB	82.76	10.34	0	0	0	6.90
		FGH	70.37	11.11	3.70	0	0	14.81

注：CK：对照组；FG：病原菌处理组；FGB：生物防治组；FGH：化学防治组。

（2）发病率和病指防效

在 FGB 处理下，2022 年大田中郑单 958 表现为不发病，京农科 728 发病率为 27.27%，均低于 FGH 处理（表 4-3）。结合病情指数计算病指防效可知，FGB 处理下郑单 958 和京农科 728 病指防效分别为 100% 和 88.11%，分别较 FGH 提高了 25.04% 和 25.40%。FGB 处理下，2022 年盆栽中郑单 958 表现为不发病，京农科发病率为 48.00%，均低于化学防治；从病指防效角度分析，FGB 处理下郑单 958 病指防效为 100%，京农科 728 病指防效为 74.00%，分别比化学防治提升 8.82% 和 5.20%。FGB 处理下，2023 年玉米试验中郑单 958 和京农科 728 的发病率分别为 17.24% 和 13.33%，远低于化学防治发病率；FGB 下郑单 958 和京农科 728 病指防效分别为 91.95% 和 95.56%，较化学防治分别提升 8.00% 和 19.37%（表 4-3）。上述试验结果从发病率和病指防效的角度进一步证明生物防治对玉米穗腐病防治效果更优。

表 4-3　不同时间和处理下玉米穗腐病发病率和病指防效

年份	玉米品种	处理	发病率（%）	病指防效（%）
2022	京农科 728	FG	100.00	0
		FGB	27.27	88.11
		FGH	40.00	62.71
	郑单 958	FG	100.00	0
		FGB	0	100.00
		FGH	26.31	74.96

（续表）

年份	玉米品种	处理	发病率（%）	病指防效（%）
2022	京农科 728（盆栽）	FG	100. 00	0
		FGB	48. 00	74. 00
		FGH	66. 67	68. 80
	郑单 958（盆栽）	FG	100. 00	0
		FGB	0	100. 00
		FGH	27. 78	91. 18
2023	京农科 728	FG	100. 00	0
		FGB	13. 33	95. 56
		FGH	34. 29	76. 19
	郑单 958	FG	100. 00	0
		FGB	17. 24	91. 95
		FGH	42. 11	83. 95

注：CK：对照组；FG：病原菌处理组；FGB：生物防治组；FGH：化学防治组。

（3）田间减损效果及产量因子分析

在 2022 年大田试验中（表 4-4），禾谷镰刀菌侵染导致大田玉米果穗穗粒数和千粒重均有显著降低，进而导致京农科 728 和郑单 958 产量分别较对照显著下降 75. 27%和 76. 42%（表 4-4）；FGB 处理下，京农科 728 和郑单 958 亩产分别为 509. 82 kg 和 613. 36 kg（15 亩 = 1hm^2，全书同），与 CK 均无显著差异；与化学防治相比，生物防治在保障粮食安全具有显著优势，京农科 728 和郑单 958 产量分别较化学防治显著提升 8. 16%和 20. 34%。

表 4-4　2022 年大田玉米产量减损效果及产量构成分析

玉米品种	处理	穗粒数	千粒重（g）	亩产（kg）
京农科 728	CK	497. 40±38. 56a	339. 52±2. 22a	534. 64±57. 17a
	FG	459. 50±45. 62b	102. 87±6. 09d	132. 20±29. 58c
	FGB	494. 30±37. 37a	260. 85±10. 95b	509. 82±64. 10a
	FGH	458. 70±41. 75b	235. 84±8. 23c	471. 34±56. 27b

（续表）

玉米品种	处理	穗粒数	千粒重（g）	亩产（kg）
郑单 958	CK	535. 60±42. 51a	341. 63±3. 87a	608. 82±83. 89a
	FG	494. 50±40. 32c	101. 47±13. 15c	143. 54±32. 75c
	FGB	530. 70±34. 50a	348. 92±4. 81a	613. 16±17. 62a
	FGH	510. 70±45. 26b	280. 62±6. 34b	509. 54±83. 11b

注：CK：对照组；FG：病原菌处理组；FGB：生物防治组；FGH：化学防治组。不同小写字母表示组间具有显著性差异（$P<0.05$）。

在 2022 年玉米盆栽试验中（表 4-5），FGB 处理下的京农科 728 和郑单 958 亩产分别为 496. 07 kg 和 540. 15 kg，与对照无显著差异（表 4-5）。分别较化学防治提升了 11. 63%和 40. 83%，其中，生物防治下的郑单 958 亩产较化学防治有显著提升。

表 4-5　2022 年盆栽玉米产量减损效果及产量构成分析

玉米品种	处理	穗粒数	千粒重（g）	亩产（kg）
京农科 728	CK	531. 40±43. 05a	341. 55±4. 08a	544. 27±31. 25a
	FG	533. 00±43. 52a	108. 52±7. 56d	151. 35±43. 90c
	FGB	526. 60±33. 00a	292. 57±14. 43b	496. 07±47. 45ab
	FGH	522. 80±34. 02a	268. 56±5. 52c	444. 40±83. 10b
郑单 958	CK	532. 20±47. 08a	335. 32±5. 68a	531. 70±29. 94a
	FG	481. 80±47. 82b	99. 60±7. 13c	154. 91±19. 12c
	FGB	555. 40±48. 98a	343. 81±4. 14a	540. 15±27. 11a
	FGH	466. 00±34. 45b	279. 74±6. 97b	383. 55±64. 44b

注：CK：对照组；FG：病原菌处理组；FGB：生物防治组；FGH：化学防治组。不同小写字母表示组间具有显著性差异（$P<0.05$）。

在 2023 年玉米大田试验中（表 4-6），京农科 728 在 FGB 处理下的穗粒数为 519. 20，与 CK 无显著差异（表 4-6）；千粒重达到 310. 86 g，较化学防治显著提升了 13. 98%；郑单 958 在生物防治下千粒重为 333. 06 g，较化学防治显著提升了 9. 43%；京农科 728 和郑单 958 产量在 FGB 和 FGH 处理上并无显著差异。

表 4-6　2023 年大田玉米产量减损效果及产量构成分析

玉米品种	处理	穗粒数	千粒重（g）	亩产（kg）
京农科 728	CK	514.80±50.99a	338.06±2.22a	538.18±16.51a
	FG	340.20±42.38d	147.04±6.09d	157.42±7.25b
	FGB	519.20±36.57a	310.86±10.95b	511.78±13.69a
	FGH	476.20±50.28c	272.74±8.23c	490.34±10.84a
郑单 958	CK	555.90±32.51a	352.08±18.56a	587.77±12.15a
	FG	385.00±73.93b	140.34±11.07d	167.49±6.83c
	FGB	563.60±40.89a	333.06±15.23b	554.58±15.94b
	FGH	523.00±49.67a	304.36±28.91c	510.76±20.22b

注：CK：对照组；FG：病原菌处理组；FGB：生物防治组；FGH：化学防治组。不同小写字母表示组间具有显著性差异（$P<0.05$）。

（4）玉米籽粒呕吐毒素（DON）、玉米赤霉烯酮（ZEN）含量

在 2022 年大田试验中（图 4-1），经禾谷镰刀菌侵染后，郑单 958 和京农科 728 的呕吐毒素分别为 4 171.70 μg/kg 和 4 088.19 μg/kg，显著高于 CK（图 4-1）。FGB 处理下郑单 958 和京农科 728 的呕吐毒素含量分别为 541.09 μg/kg 和 1 946.62 μg/kg，呕吐毒素脱除率分别为 87.03% 和 52.38%，均显著优于 FGH。FGH 处理下，京农科 728 的呕吐毒素含量与 FG 组相比并无显著下降，说明化学防治对于呕吐毒素脱除效果并不稳定。经禾谷镰刀菌侵染后，郑单 958 和京农科 728 的玉米赤霉烯酮含量分别为 796.63 μg/kg 和 885.08 μg/kg，显著高于 CK 组。FGB 处理下郑单 958 和京农科 728 籽粒的玉米赤霉烯酮含量分别为 5.89 μg/kg 和 77.57 μg/kg，玉米赤霉烯酮含量显著降低，与 FG 处理相比分别显著降低了 99.26% 和 91.24%。

在 2022 年盆栽试验中（图 4-2），经禾谷镰刀菌侵染后，郑单 958 和京农科 728 的呕吐毒素分别为 4 182.86 μg/kg 和 4 196.47 μg/kg，显著高于 CK（图 4-2）。FGB 处理下郑单 958 和京农科 728 的呕吐毒素含量分别为 768.41 μg/kg 和 1 910.57 μg/kg，呕吐毒素脱除率分别为 81.63% 和 54.47%。经禾谷镰刀菌侵染后，郑单 958 和京农科 728 的玉米赤霉烯酮含量分别为 836.46 μg/kg 和 905.36 μg/kg，显著高于 CK。FGB 处理下郑单 958 和京农科 728 的玉米赤霉烯酮含量分别为 21.54 μg/kg 和 234.14

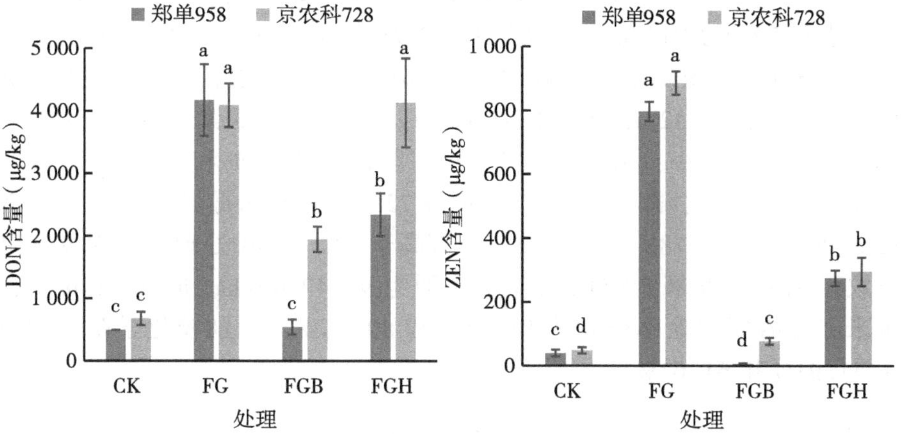

图 4-1　2022 年大田玉米籽粒 DON、ZEN 含量

CK：对照组；FG：病原菌处理组；FGB：生物防治组；FGH：化学防治组。不同小写字母表示组间具有显著性差异（$P<0.05$）。

μg/kg，玉米赤霉烯酮脱除率分别为 97.42%和 74.14%。FGB 处理下呕吐毒素和玉米赤霉烯酮脱除率均显著优于化学防治。

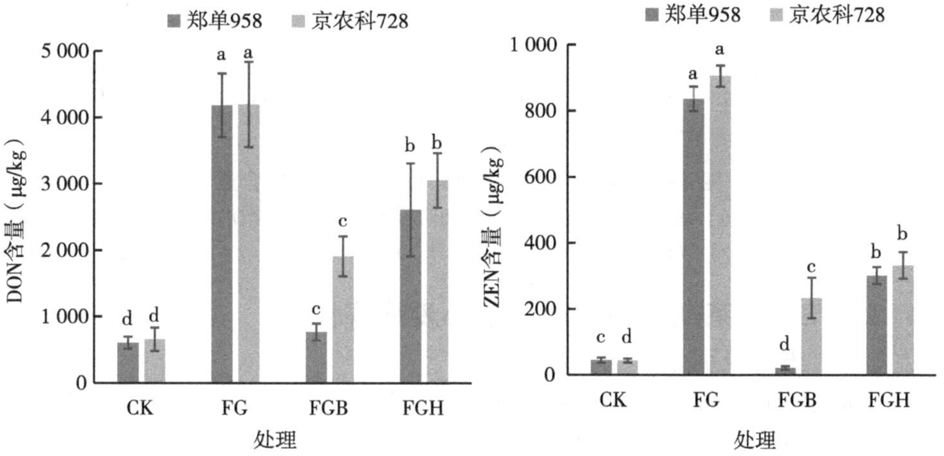

图 4-2　2022 年盆栽玉米籽粒 DON、ZEN 含量

CK：对照组；FG：病原菌处理组；FGB：生物防治组；FGH：化学防治组。不同小写字母表示组间具有显著性差异（$P<0.05$）。

在 2023 年大田试验中（图 4-3），经禾谷镰刀菌侵染后，郑单 958 和京农科 728 的呕吐毒素含量分别为3 934.56 μg/kg和4 103.30 μg/kg，显著高于 CK（图 4-3）。FGB 处理下郑单 958 和京农科 728 的呕吐毒素含量分别为 97.42 μg/kg 和 81.61 μg/kg，呕吐毒素脱除率分别为 70.33%和 72.39%，分别较化学防治提升了 35.15%和 36.26%。经禾谷镰刀菌侵染后，郑单 958 和京农科 728 的玉米赤霉烯酮含量分别为 828.85 μg/kg 和 788.88 μg/kg，显著高于 CK。FGB 处理下郑单 958 和京农科 728 的玉米赤霉烯酮含量分别为 97.42 μg/kg 和 81.61 μg/kg，玉米赤霉烯酮脱除率分别为 88.25%和 89.66%，分别较化学防治提升了 51.91%和 61.61%。

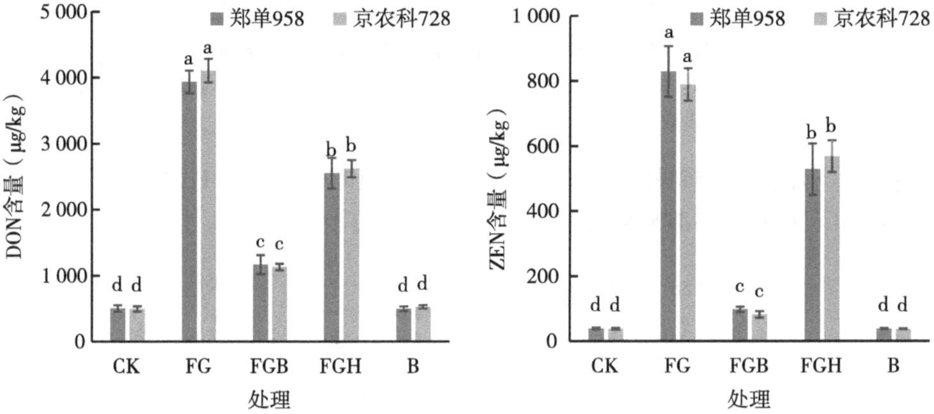

图 4-3　2023 年大田玉米籽粒 DON、ZEN 含量

CK：对照组；FG：病原菌处理组；FGB：生物防治组；FGH：化学防治组；B：前期叶面喷施 YH03 组。不同小写字母表示组间具有显著性差异（$P<0.05$）。

4.3.1.2　贝莱斯芽孢杆菌防治小麦病害作用

（1）发生级别分布与病指防效

从发生级别来看，FG 处理下小麦赤霉病发生级别多分布于 7 级以上，FGB 处理下济麦 22 和济麦 44 均表现为不发病，较 FGH 更能有效防治小麦赤霉病（表 4-7）。此处理下，济麦 22 和济麦 44 小麦赤霉病病指防效均达到 100%，小穗均表现为不发病，分别较 FGH 提高了 13.89%和 10.85%（表 4-7）。

表 4-7 济麦 22 和济麦 44 小麦赤霉病发生级别与病指防效

小麦品种	处理	小麦赤霉病发生级别（%）						发病率（%）	病指防效（%）
		0	1	3	5	7	9		
济麦 22	FG	0	0	0.93	10.42	9.73	78.92	100.00	
	FGB	100	0	0	0	0	0	0	100.00
	FGH	67.94	6.43	17.22	2.43	4.18	1.81	32.06	86.11
济麦 44	FG	0	0	0	3.77	33.68	62.55	100.00	
	FGB	100	0	0	0	0	0	0	100.00
	FGH	79.99	7.11	2.35	2.41	5.41	2.74	20.01	89.15

注：FG：病原菌处理组；FGB：生物防治组；FGH：化学防治组。

（2）田间减损效果及产量因子分析

在小麦感染赤霉病后，其穗粒数和千粒重均较对照显著下降，致使济麦 22 和济麦 44 亩产分别较对照显著降低 43.37%和 33.14%（表 4-8）。在 FGB 处理下，济麦 22 和济麦 44 亩产分别达到 608.43 kg 和 597.17 kg，较 FGH 分别显著提升 35.65%和 30.44%，与对照无显著差异（表 4-8）。因此，与化学防治相比，生物防治在保障小麦产量方面具有显著优势：相关产量因素水平显著提升，除济麦 22 的千粒重外，其余指标均与对照无显著差异。

表 4-8 不同处理下小麦田间亩产及产量因子分析

小麦品种	处理	穗粒数	亩穗数（万穗）	千粒重（g）	亩产（kg）
济麦 22	CK	30.79±0.28a	44.96±0.69a	44.20±0.42a	601.35±8.32a
	FG	20.86±1.13c	44.47±0.63a	29.29±1.27d	340.55±5.07c
	FGB	30.51±0.53a	44.94±0.82a	41.73±0.39b	608.43±8.53a
	FGH	26.32±1.63b	44.71±0.10a	36.71±0.31c	448.54±18.72b
济麦 44	CK	31.70±0.53a	45.27±0.43a	44.54±0.62a	609.36±11.27a
	FG	22.76±1.09c	45.17±0.27a	26.54±0.29c	407.42±6.81c
	FGB	31.25±0.60a	45.86±0.06a	44.34±0.61a	597.17±7.23a
	FGH	26.69±1.55b	45.26±0.46a	35.56±0.46b	457.82±7.17b

注：CK：对照组；FG：病原菌处理组；FGB：生物防治组；FGH：化学防治组。不同小写字母表示组间具有显著性差异（$P<0.05$）。

（3）不同处理下小麦籽粒呕吐毒素、玉米赤霉烯酮含量

不同处理下济麦 22 和济麦 44 籽粒呕吐毒素含量均有显著差异（图 4-4）。经禾谷镰刀菌侵染后，济麦 22 和济麦 44 籽粒的呕吐毒素含量分别为 4 071. 64 μg/kg 和 4 354. 47 μg/kg，显著高于 CK 组。在 FGB 处理下，济麦 22 和济麦 44 籽粒中呕吐毒素的含量分别较 FG 处理下显著降低 90. 37% 和 91. 43%，呕吐毒素含量控制效果显著优于 FGH 处理且符合国家限量标准。不同处理下小麦籽粒玉米赤霉烯酮含量趋势与呕吐毒素保持高度一致。经禾谷镰刀菌侵染后的济麦 22 和济麦 44 籽粒玉米赤霉烯酮含量为 721. 95 μg/kg 和 733. 90 μg/kg，显著高于 CK。FGB 处理下，济麦 22 和济麦 44 籽粒中玉米赤霉烯酮含量均处于较低水平，分别较 FG 处理降低了 94. 80% 和 93. 12%，其中济麦 22 籽粒玉米赤霉烯酮含量与对照无显著差异。生物防治下济麦 22 和济麦 44 籽粒玉米赤霉烯酮含量较化学防治显著降低了 86. 21% 和 82. 91%，均处于国家限量安全标准范围内。

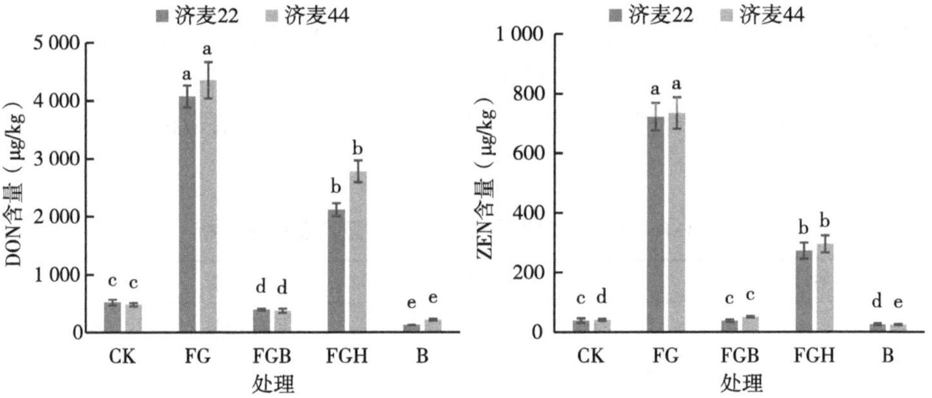

图 4-4　不同处理下小麦籽粒 DON 和 ZEN 含量

CK：对照组；FG：病原菌处理组；FGB：生物防治组；FGH：化学防治组；B：前期叶面喷施 YH03 组。不同小写字母表示组间具有显著性差异（$P<0.05$）。

此外，研究发现在叶面喷施 YH03 处理下济麦 22 和济麦 44 籽粒呕吐毒素含量分别为 126. 31 μg/kg 和 215. 79 μg/kg，分别较 CK 显著下降 75. 58% 和 54. 93%，说明叶面喷施 YH03 有利于进一步有效控制济麦 22 和济麦 44 籽粒呕吐毒素积累。叶面喷施 YH03 处理下，济麦 22 和济麦 44

籽粒中玉米赤霉烯酮含量分别为 24.84 μg/kg 和 21.19 μg/kg，较对照分别显著降低了 35.76%和 40.65%，叶面喷施 YH03 有助于进一步抑制玉米赤霉烯酮毒素在小麦籽粒中的积累。

本研究发现，贝莱斯芽孢杆菌 YH03 能够对禾谷镰刀菌的生长繁殖有显著抑制效果，抑菌效率和抑菌率分别为 3.57%和 75.96%。田间试验表明：YH03 对小麦赤霉病和玉米穗腐病防治效果显著。YH03 处理下的小麦赤霉病和玉米穗腐病的病情发生级别普遍集中在 3 级以下，部分作物品种病指防效可达到 100%，表现为不发病，较化学防治有更好的防治效果，因而获得更高的产量，更能有效保障粮食生产。

4.3.2 植物精油与智能通风技术对高水分玉米籽粒储存的影响

4.3.2.1 玉米不同水分含量下精油抑菌效果探究

采收不同水分含量下的玉米：15%、17%、24%、29%、30%。设置精油浓度分别为 0 mg/kg、10 mg/kg、50 mg/kg、100 mg/kg、500 mg/kg、800 mg/kg，将不同浓度的精油分别拌入不同含水量的玉米中，置于培养箱中 28℃培养，一周后观察玉米霉变及玉米（玉米胚）颜色变化。

（1）玉米籽粒含水量与抑菌效果分析

籽粒含水量越高，短时间内霉变越严重（附图 4-1）。籽粒含水量低于 20%时，玉米在短时间内霉变较轻，籽粒含水量高于 24%，更易发生霉变。在 29%水分下，玉米存储 15 d 后，未加精油的霉变严重，有生根现象，加 800 mg/kg 精油的无霉变和生根现象。

（2）精油浓度与抑菌效果分析

籽粒含水量为 15%～17%，精油用量 100 mg/kg 时，既能抑菌又能使玉米籽粒颜色保持原来颜色，效果较好（附图 4-2，表 4-9）。籽粒含水量为 22%，精油用量 500 mg/kg 时，抑菌和玉米籽粒颜色保持最好。籽粒含水量为 29%，精油用量 500 mg/kg 时，玉米籽粒颜色发暗。

当精油浓度为 800 mg/kg 时，含水量为 15%和 30%的玉米籽粒均无霉变现象。但从色泽上来看，籽粒含水量为 30%的玉米籽粒颜色发暗，切开后剖面图也能看出，胚的颜色变成褐色。精油浓度太高时玉米籽粒颜色发生变化，颜色发暗。其原因是胚部水量较大，高浓度精油会对玉米胚造成损伤，胚变成褐色。

表 4-9 玉米霉变情况及颜色变化

水分（%）	0 mg/kg	10 mg/kg	50 mg/kg	100 mg/kg	500 mg/kg	800 mg/kg
15	+	+	—	—	—	—*
17	+	+	—	—	—	—*
24	++	+	+	—	—	—*
29	+++	+++	++	++	—*	—*
30	+++	+++	+++	++	+*	—*

注：+++霉变严重，++霉变较严重，+轻微霉变，—无霉变；* 颜色发生变化。

综合考虑精油对霉菌的抑制及对玉米胚的影响，玉米籽粒干储时水分含量不宜太高。因此高水分玉米籽粒储藏过程可以先利用通风技术将水分快速下降到15%左右，倒仓过程中通过喷雾设备加入精油，用量为50~100 mg/kg。

4.3.2.2 智能通风技术研究

玉米收获时籽粒含水量27%~30%，脱粒后玉米进行简单除杂，通过斜蛟龙上粮（图4-5）。每个粮仓储粮3 t左右。上粮后立即通自然风。

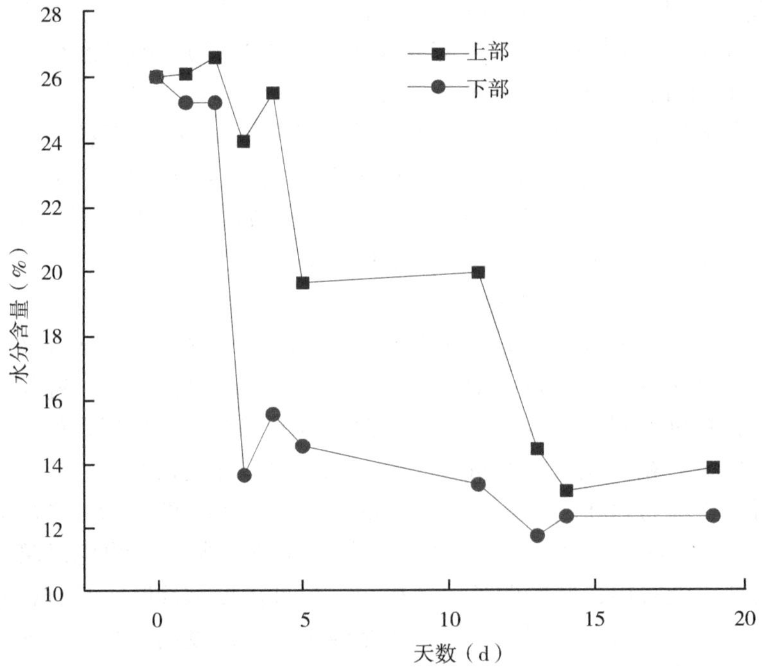

图 4-5 钢板仓不同部位玉米籽粒水分含量变化

入仓后通风，初期通风 5 min，停歇 25 min。钢板仓底部玉米籽粒水分在第 3 天降低到 14%以下。上部水分下降比较慢，主要原因是通风过程中，水分发生迁移，底部水分被带到上面，通过出风口散失，因此仓的上部分水分下降较慢，极易造成霉变、结块等现象。因此在通风 2～3 d 倒仓一次，可以整体快速将水分降下来，避免霉变发生。

4.3.2.3　精油喷雾与智能通风技术对玉米籽粒储藏的研究

水分含量在 27%左右，经过除杂后，玉米籽粒入仓。智能通风设备设置 5 min 通风，25 min 停歇。第 3 天玉米倒仓，继续通风 5 min 通风，25 min 停歇。水分在第 3 天基本下降到 15%左右，玉米粮食放出来，通过斜蛟龙入仓，入仓过程中精油喷雾开启，用量 100 mg/kg。设置一个对照，即只有智能通风技术而未精油喷雾的钢板仓。

0 d 是刚入仓的时间，15 d 是玉米第二次倒仓加精油的时间取样，此后分别在 45 d、90 d、120 d、150 d 和 180 d 取样。1#为加精油的通风钢板仓，2#为未加精油的通风钢板仓。取样按照《粮食、油料检验扦样、分样法》（GB/T 5491—1985）执行，取样分为上下两个部分，即 1#上，1#下，2#上和 2#下。扦样器从钢板仓的上部取样，底部样品从出粮口放出。放入无菌自封袋中，做好标记带回实验室保存在 4℃冰箱，以备进行表面真菌的分离以及水分、千粒重、不完善粒、三种真菌毒素（呕吐毒素，黄曲霉毒素 B_1，玉米赤霉烯酮）的测定。

（1）真菌分离

1#和 2#仓储玉米籽粒表面污染真菌分离结果如图所示（图 4-6）。共获得玉米表面污染真菌 1 210株，酵母菌 404 株，丝状菌 806 株。1#分离酵母菌占真菌总数的 40%，2#分离的酵母菌占总数的 47%。说明高水分玉米在钢板仓中发生了发酵，酵母菌大量繁殖。可能是因为 25%～28%水分的玉米籽粒入仓后，处于高温高湿的环境，间歇性通风，不通风的时候氧气含量低，通风的时候氧气含量高，酵母菌刚好是兼性厌氧菌，在有氧和无氧环境下都能生长，加上营养物质丰富，水分温度适宜，造成了酵母菌大量繁殖的现象。酵母菌分离频率最高的为卡利比克迈耶氏酵母（*Meyerozyma caribbica*），少量酵母为浅黄隐球酵母（*Cryptococcus flavescens*）。酵母菌菌落边缘整齐，菌落圆形，黏液状、乳白色或纯白色，接种针易挑起。丝状真菌中，分离频率最高的丝状真菌为镰刀菌属（*Fusarium*）、青霉属（*Penicillium*）、曲霉属（*Aspergillus*）、篮状菌属（*Ta-*

laromyces）和毛霉（*Mucor*）。

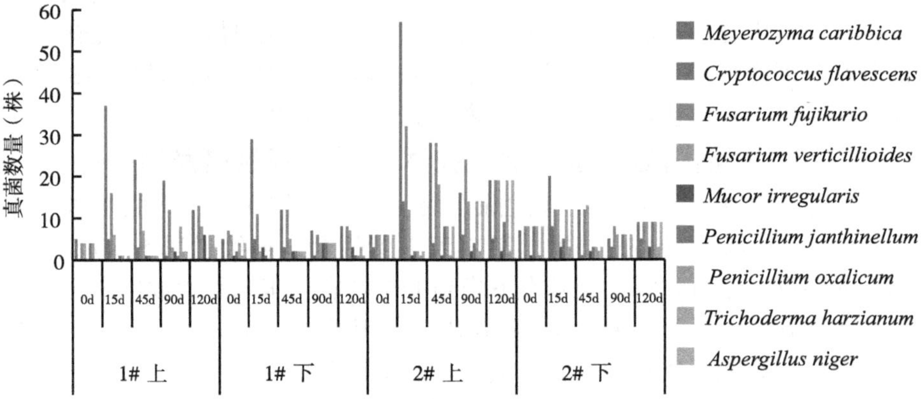

图 4-6　真菌分离情况

观察菌落形态和菌丝孢子显微形态（附图 4-3），结合《真菌鉴定手册》，初步确定分离获得的真菌主要为卡利比克迈耶氏酵母，在 PDA 培养基上呈圆形，表面光滑、湿润，呈奶油状或黏液状，为乳白色至米黄色，不透明，显微镜下为椭圆形或短杆状，可见母细胞与子细胞的出芽连接（附图 4-3）；浅黄隐球酵母，呈圆形，表面光滑、湿润，呈黏液状，初为乳白色或浅黄色，渐变为浅黄色至淡棕色，显微镜下为圆形或卵圆形，可见窄基出芽；镰刀菌，产生大量棉絮状气生菌丝，并产生紫红色色素，孢子形态多样，大型分生孢子具有多细胞结构，其形态两端尖而弯曲，呈典型的镰刀形状；毛霉，气生菌丝发达，在 PDA 培养基横向生长，呈棉絮状或羊毛状，初为白色渐变为灰黑色或灰褐色，孢子囊较大，孢子球形、椭圆形或不规则；青霉菌，菌丝体为无色或淡色，菌落呈现绿色、蓝色或黄色。其分生孢子梗长而直立，顶端以特殊的对称或不对称的扫帚状分枝，分生孢子梗最后形成许多瓶梗，瓶梗上着生分生孢子链。其分生孢子为球形或卵形；哈茨木霉，菌丝呈棉絮状，初为白色渐变为绿色，成熟期整个菌落被绿色孢子覆盖，呈粉末状，分生孢子梗直立、反复分枝，呈“树状”或“扫帚状”结构，分生孢子呈卵圆形或椭圆形；黑曲霉，生长较为迅速，其菌落最初呈白色，通常带有鲜黄色区域，菌丝生长密集，后来逐渐转变为黑色，菌落背面一般为无色或中央部分略带褐色。其分生孢子头开始为球形，后逐渐变为放射状，呈黑褐色，小分生孢子为球形。

（2）水分及千粒重变化

入仓时玉米籽粒水分含量 25.3%，通过智能通风技术，水分在一周内快速下降到 15%以内，倒仓过程精油喷雾加入。此后根据智能通风系统根据内外温度和湿度差，启动间歇性通风。90 d 后关停通风，水分含量仍然维持在 9%～10%，钢板仓上下水分无显著差异，加精油的和未加精油的玉米粒水分含量也无显著差异（图 4-7）。

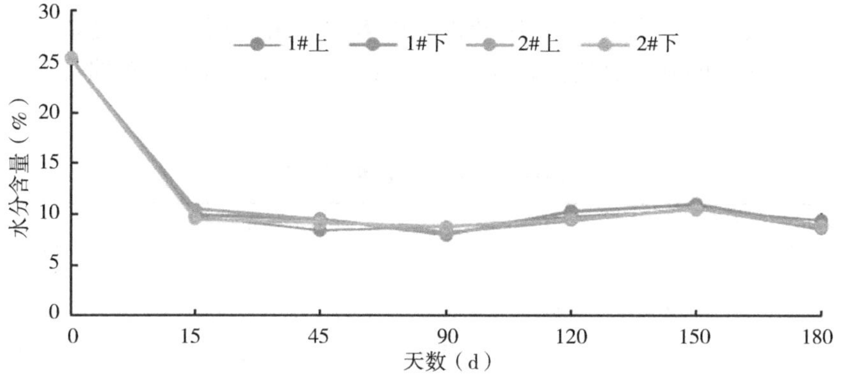

图 4-7　钢板仓玉米籽粒水分含量变化

从玉米千粒重来看，玉米千粒重均在 330～340 g，随储藏时间的增加玉米粒千粒重无显著下降（表 4-10）。加精油和未加精油的玉米粒仓储变化不大。钢板仓上部和下部的变化也无显著差别。

表 4-10　玉米籽粒仓储过程千粒重变化

天数（d）	千粒重（g）			
	1#上	1#下	2#上	2#下
0	331.4	331.4	331.4	331.4
15	341.0	338.0	345.0	336.0
45	335.3	335.1	338.7	336.6
90	347.0	345.8	343.2	341.8
120	335.9	335.0	340.2	335.5
150	336.0	341.0	335.0	340.0
180	342.0	341.0	340.0	339.0

（3）三种真菌毒素含量变化

在整个储藏过程中，精油喷雾与通风技术相结合的钢板仓中玉米籽粒的三种真菌毒素呕吐毒素、黄曲霉素 B_1、玉米赤霉烯酮均在安全范围内（呕吐毒素 < 1 000 μg/kg；黄曲霉素 B_1 < 20 μg/kg；玉米赤霉烯酮 < 500 μg/kg）（表 4-11）。未加精油的 2#呕吐毒素和玉米赤霉烯酮未超标，但是在 120 d，2#上黄曲霉素 B_1 的含量 28. 8 μg/kg 超出了国标 20 μg/kg 的限量标准，150 d 时含量 33. 26 μg/kg。说明精油在抑制黄曲霉真菌产毒方面发挥了重要作用。植物精油能够降解真菌毒素，其中复合植物精油在降解粮食中黄曲霉素 B_1 和呕吐毒素的效果显著。精油成分复杂，降解毒素机理尚不明确，且研究较少，有学者将柠檬醛直接加入黄曲霉毒素标准品中，其黄曲霉素 B_1 结构迅速破坏。

表 4-11　玉米三种真菌毒素变化

样品仓	毒素名	0 d	15 d	45 d	90 d	120 d	150 d	180 d
1#上	AFB_1	0. 6	2. 4	1. 1	4. 2	0. 8	5. 2	6. 9
	DON	219. 0	284. 0	90. 0	259. 0	235. 0	169. 0	126. 0
	ZEN	12. 5	19. 6	16. 4	14. 5	20. 8	12. 6	11. 6
1#下	AFB_1	0. 6	0. 5	0. 5	1. 1	3. 5	1. 4	1. 8
	DON	219. 0	276. 0	130. 0	231. 0	131. 0	163. 0	211. 0
	ZEN	12. 5	22. 0	15. 9	14. 8	22. 0	18. 9	10. 8
2#上	AFB_1	0. 6	1. 8	0. 8	0. 8	28. 8	9. 6	14. 5
	DON	219. 0	246. 0	155. 6	602. 7	109. 2	292. 9	300. 5
	ZEN	12. 5	26. 5	19. 9	19. 0	18. 9	15. 5	10. 6
2#下	AFB_1	0. 6	3. 7	12. 5	3. 4	8. 2	33. 3	16. 9
	DON	219. 0	347. 0	210. 6	200. 3	270. 1	165. 8	278. 9
	ZEN	13. 0	18. 0	21. 0	23. 0	24. 0	13. 0	8. 5

（4）水分下降后静置储藏后玉米籽粒变化

1#仓在仓储 5 个月的时间，霉变粒发生较少。色泽正常，上部取样的玉米粒有精油的味道。2#仓上部取样的玉米粒存在霉变粒的现象，2#取样的下部玉米粒霉变粒较少，气味色泽正常。这与下部玉米粒水分下降快速有关。通过自然风脱水的玉米籽粒，其形态正常，色泽饱满（附

图4-4）。

钢板仓储藏6个月的时间，分别从粮仓上部和底部取样。从形态上对比观察发现，1#精油熏蒸储藏的玉米较2#未加精油熏蒸的玉米色泽更加鲜艳（附图4-5）。且1#仓霉变率低于2#。气味上，1#精油味道很轻，2#气味正常。

精油对不同含水量下玉米籽粒的抑菌能力不同，含水量越高，精油抑菌能力越弱，需要增加精油浓度，但是精油浓度太高对玉米胚有损伤。因此低含水量下精油抑菌浓度低、效果好，不仅不会损伤玉米胚，还能保持玉米籽粒新鲜的色泽。智能通风技术是根据粮情检测系统自动获取和分析粮情数据和气象数据，实现智能化开启通风，达到了无热源鼓风快速降水的效果。精油和智能通风技术相结合实现粮食快速脱水，为保持粮食品质和质量安全方面保健护航。

参考文献

[1] Murshed S A A, Bacha N, Alharazi T. Detection of total aflatoxins in groundnut and soybean samples in Yemen using enzyme-linked immunosorbent assay [J]. Journal of Food Quality, 2019, 2019 (1): 1614502.

[2] 杨晓冬，赵凤，罗靖，等. 2022年四川省三地区谷物及制品真菌污染现状调查［J］. 预防医学情报杂志，2023，39（07）：830-834.

[3] 张欣烨，彭靖，张洁，等. 2019—2020年河南省谷类食品中7种真菌毒素污染状况调查［J］. 中国卫生检验杂志，2021，31（18）：2274-2276.

[4] 张娜娜，张守梅，郭玉秋，等. 玉米生育期优势污染真菌及其与真菌毒素积累相关性研究［J］. 山东农业科学，2020，52（10）：83-89.

[5] 张娜娜，张守梅，陈利容，等. 小麦重要生育期和入仓阶段籽粒真菌污染及呕吐毒素积累情况分析［J］. 农产品质量与安全，2020（4）：33-39，58.

[6] 兰静，金海涛，赵琳，等. 玉米真菌毒素污染与控制技术研究

进展 [J]. 农产品质量与安全, 2020 (5): 15-21.

[7] 张守梅, 张娜娜, 李寒松, 等. 山东省部分地区 2018 年收获玉米的真菌污染状况研究. 食品安全质量检测学报, 2019, 10 (18): 6376-6380.

[8] Huwig A, Freimund S, Käppeli O, et al. Mycotoxin detoxification of animal feed by different adsorbents [J]. Toxicology Letters, 2001 (122): 179-188.

[9] Avantaggiato G, Havenaar R, Visconti A. Assessing the zearalenone binding activity of adsorbent materials during passage through a dynamic in vitro gastrointestinal model [J]. Food and Chemical Toxicology, 2003, 41 (10): 1283-1290.

[10] Shahzad Z I, Ahmad B, Muhammad R, et al. Effect of γ irradiation on fungal load and aflatoxins reduction in red chillies [J]. Radiation Physics and Chemistry, 2013, 82: 80-84.

[11] Yi P J, Pai C K, Liu J R. Isolation and characterization of a Bacillus licheniformis strain capable of degrading zearalenone [J]. World Journal of Microbiology and Biotechnology, 2011, 27 (5): 1035-1043.

[12] Samuel E T, Cuthbert W, Xu D, et al. Adsorption and degradation of zearalenone by bacillus strains [J]. Folia Microbiologica, 2011, 56 (4): 321-327.

[13] Yoko I, Ikuo S, Stephanie G, et al. Nocardioides sp. strain WSN05-2, isolated from a wheat field, degrades deoxynivalenol, producing the novel intermediate 3-epi-deoxynivalenol [J]. Applied Microbiology & Biotechnology, 2011, 89 (2): 419-427.

[14] Péteri Z, Téren J, Vágvölgyi C, et al. Ochratoxin degradation and adsorption caused by astaxanthin-producing yeasts [J]. Food Microbiology, 2007, 24 (3): 205-210.

[15] Jalili M, Jinap S. Role of sodium hydrosulphite and pressure on the reduction of aflatoxins and ochratoxin A in black pepper [J]. Food Control, 2012, 27 (1): 11-15.

第 5 章　农产品中真菌毒素检测、风险评估及绿色防控技术标准

5.1　几种易受真菌毒素污染的农产品标准综述

黄曲霉毒素是已知真菌毒素中毒性最强的一种，是由土壤、空气和植株中的丝状真菌产生的次级代谢产物，可对多种哺乳动物产生肝脏毒性。黄曲霉毒素由生长在温暖湿润条件下的霉菌菌属产生，该类毒素在自然界广泛存在，可在收获前、收获后、存储、运输等环节污染食物原料；极易污染坚果及其制品、干果、香料、谷类、豆类等，尤其易污染花生及其制品。

我国是花生生产、消费和贸易大国，山东省花生产量居全国首位，占比全国生产量的 70%以上。涉及花生的各类抽查检验和风险评估任务中，黄曲霉毒素是必检项目。近年来抽查检验数据表明花生及其制品中黄曲霉毒素超标现象时有发生，出口花生也有过黄曲霉毒素超标导致受阻的情况，食物原料一旦遭受黄曲霉毒素污染很难降解和消除。

木本坚果在中国南北方均有栽培，2023 年坚果种植总面积约为 273 万亩，木本坚果占 56%；坚果总产量约为 13.22 亿 kg，其中榛子、栗子、核桃和巴旦木分别占比 2%、14%、44%和 9%，腰果、开心果和板栗分别占比 6%、15%和 9%。木本坚果含有不饱和脂肪酸、蛋白质、维生素等多种营养素，极易被微生物侵染后产生黄曲霉毒素，一旦遭受黄曲霉毒素污染很难降解和消除。

随着经济快速发展，我国居民生活水平的提升，对于水果的多样性需求提升，无花果作为小品种水果药食两用，在国内外备受青睐，市场需求持续增长。干无花果含糖量很高，表皮极易被微生物侵染后产生黄曲霉毒

素，一旦遭受黄曲霉毒素污染很难降解和消除。无花果在中国南北方均有栽培，主要分布在山东、新疆、江苏等地。2020 年中国无花果种植面积约3 031 hm^2，产量约18 121 t。

目前，我国现行标准中有关花生、木本坚果和无花果中黄曲霉毒素标准，如《食品安全国家标准　食品中黄曲霉毒素污染控制规范》（GB 31653—2021）和《花生黄曲霉毒素污染控制技术规程》（NY/T 2308—2013）主要规定了田间生产、储藏、运输和加工等环节的技术要求，规定了应该达到什么技术要求；新颁布实施的《食品安全国家标准　食品中黄曲霉毒素污染控制规范》（GB 31653—2021），对食品做出了通用规范要求，但未规范收获前种植环节的要求，仅笼统规范了采收及其之后的要求，在 GB 31653—2021 标准附录 A 内给出了花生的有关要求，在 GB 31653—2021 标准附录 C 内给出了无花果和核桃、榛子、开心果、松子和巴西果的少量要求，未涉及杏仁、腰果、板栗和胡桃等木本坚果。

其他花生相关标准主要为检测方法标准和抽样技术规程等，但各环节“如何操作？怎么做?”的内容未涉及。农业农村部已于 2017 年颁布实施了农业行业标准《玉米中黄曲霉毒素预防和减控技术规程》（NY/T 3107—2017），行业标准和地方标准体系内缺乏如何预防和减少花生、无花果中黄曲霉毒素污染的技术规程。拟起草的操作规程，主要侧重“如何操作，怎么做”，解决“怎么操作才能到达到以上两项规范中规定的技术要求?”，着重解决花生生产的各环节中如何预防和减少黄曲霉毒素污染。

坚果相关标准主要涉及产品标准、质量等级标准、采收储运技术规范和栽培技术规程等，如《食品安全国家标准　坚果与籽类产品》（GB 19300—2014）、《核桃坚果质量等级》（GB/T 20398—2021）、《坚果与籽类食品质量通则》（GB /T 22165—2022）、《坚果与籽类炒货食品良好生产规范》（GB/T 29647—2013）、《阿月浑子（开心果）坚果质量等级》（GB/T 40631—2021）、《坚果炒货产品追溯技术规范》（GH/T 1362—2021）、《澳洲坚果》（GB/T 43643—2024）、《麻核桃坚果评价技术规范》（LY/T 3010—2018）、《澳洲坚果栽培技术规程》（LY/T 3263—2021）、《澳洲坚果　果仁》（NY/T 693—2020）、《绿色食品　坚果》（NY/T 1042—2017）、《澳洲坚果栽培技术规程》（NY/T 2809—2015）、《澳洲坚果质量控制技术规程》（NY/T 3602—2020）、《澳洲坚果等级规格》（NY/T 3973—2021）、《澳洲坚果主要病虫害综合防治技术规程》（DB45/T 2457—2022）、《澳洲坚果苗木质量要求》（DB45/T 2725—2023）、《澳洲坚果园杂草生态调控技术规程》（DB45/T 2727—2023）、《澳洲坚果采收与采后处理技术规程》（DB53/T 1221—2023）、《澳洲坚果丰产栽培技术规程》（TCXJG 0002—2022）。以上标准文件内仅规定了霉变粒的限量要求、产品感官要求和规格要求等，《澳洲坚果质量控制技术规程》（NY/T 3602—2020）仅提出了澳洲坚果的采收、脱皮、分拣、干燥、开口、破壳等要求。

无花果相关标准主要涉及采收储运技术规范和栽培技术规程等，如《干制无花果》（GH/T 1364—2021）、《无花果采收储运技术规范》（NT/T 3912—2021）、《地理标志产品　威海无花果》（DB37/T 2405—2013）、《无花果苗木繁育技术规程》（DB65/T 594—2023）、《无花果绿色生产全产业链管控技术规范》（DB3307/T 127—2023）、《绿色食品　无花果栽培技术规程》（TZLX 034—2023）、《无花果绿色生产技术规程》（TZNZ 180—2023）、《滨海盐碱地无花果露地高产绿色栽培技术规程》（T/SDAS 261—2021）。

农业农村部"十四五"全国种植业发展规划要求，到 2025 年全国种植业生产方式绿色转型取得明显进展，巩固提升粮食生产能力和油料综合产能，实现粮油产业绿色高质量发展。因此，为适应"十四五"产业总体需求，在花生、木本坚果、干无花果全产业链中规范种植生产过程，预防和减少其黄曲霉毒素污染，确保花生、木本坚果、干无花果食用优质、营养和安全，应进行预防和减少花黄曲霉毒素污染操作规程的制定和推广应用，规范各环节操作规程，标准化生产，提高花生、木本坚果、干无花果产量和质量，保障其供给安全。

霉菌毒素是仓储性霉菌和田间霉菌在生长繁殖过程中产生的有毒代谢产物，该类毒素在自然界广泛存在，在香料种植、储藏及运输过程中均可产生，可对多种哺乳动物产生肝脏毒性，霉菌毒素主要由曲霉菌属（主要分泌黄曲霉毒素和赭曲霉毒素等）、青霉菌属（主要分泌橘霉毒素等）、麦角菌属（主要分泌麦角毒素）和梭菌属（主要分泌呕吐毒素、玉米赤霉烯酮等）四种霉菌属产生，已有 350 多种霉菌毒素被分离和鉴定。霉菌可消除但霉菌毒素难以消除，在干香料抽查检验中，时常检出霉菌毒素超标。我国是天然香料植物资源大国，南北均有香料植物分布，是世界香料植物资源最丰富的国家之一。据不完全统计，我国拥有分属62个科的400余种香料植物，已工业化生产的天然香料120多种，约占总数的60%。香料已成为现代生活不可或缺的食物原料，除增香提味外，还具有保健养生功效，含有丰富的氨基酸、纤维素和矿物质等营养物质，如花椒、芝麻、茴香和肉豆蔻等。因此，应从种植、收获、运输、储藏等环节采取各种措施预防和减少香料中霉菌毒素污染，包括人员、设备等各项有关因素。

目前，我国现行标准中有关香料的通用标准，主要为各种香料的产品标准和栽培技术规程等；有关霉菌毒素控制的标准，目前仅有一项针对玉米的《全株玉米青贮霉菌毒素控制技术规范》（NY/T 3462—2019）。拟起草的操作规程，主要侧重"如何操作，怎么做"，着重解决香料生产各环节中如何预防和减少霉菌毒素污染。而行业标准和地方标准体系内缺乏如何预防和减少香料中霉菌毒素污染的通用技术规程。

为适应"十四五"产业总体需求，在香料全产业链中规范香料种植生产过程，预防和减少香料中霉菌毒素污染，确保香料食用优质、营养和安全，应进行预防和减少香料中霉菌毒素污染操作规程的制定和推广应用，规范各环节操作规程，标准化生产，提高香料产量和质量，保障香料供给安全。

5.2 农产品中真菌毒素现行有关标准

目前，我国现行标准体系中有关农产品中黄曲霉毒素的标准主要如下：

《食品安全国家标准　食品中黄曲霉毒素污染控制规范》（GB 31653—2021）

《花生黄曲霉毒素污染控制技术规程》（NY/T 2308—2013）

《花生黄曲霉侵染抗性鉴定方法》（NY/T 2310—2013）

《植物性农产品中黄曲霉毒素现场筛查技术规程》（NY/T 2545—2014）

《花生黄曲霉毒素检测抽样技术规程》（NY/T 3106—2017）

《玉米中黄曲霉毒素预防和减控技术规程》（NY/T 3107—2017）

《粮油作物产品中黄曲霉鉴定技术规程》（NY/T 3691—2020）

《高油酸花生黄曲霉毒素防控技术规程》（DB 13T 5492—2022）

《食品安全地方标准　小油坊压榨花生油黄曲霉毒素 B_1 控制规范》（DBS 45/045—2017）

《花生黄曲霉毒素污染防控栽培技术规程》（DB 45/T 1214—2015）

目前，我国现行标准体系中有关霉菌毒素控制的标准仅有《全株玉米青贮霉菌毒素控制技术规范》（NY/T 3462—2019）。

5.3　预防和减少真菌毒素污染的操作规程示例

5.3.1　预防和减少花生中黄曲霉毒素污染的操作规程

5.3.1.1　范围

本规程规定了花生收获前、收获、运输、黄曲霉毒素污染批次的隔离、储藏、接收与脱壳、分选、漂烫和成品包装等良好操作规程。

本规范适用于预防和减少花生中黄曲霉毒素污染的操作。

5.3.1.2　规范性引用文件

下列文件中的内容通过文中的规范性引用而构成本文件必不可少的条款。其中，注日期的引用文件，仅该日期对应的版本适用于本文件；不注日期的引用文件，其最新版本（包括所有的修改单）适用于本文件。

GB 5009.22　食品安全国家标准　食品中黄曲霉毒素 B 族和 G 族的测定

GB 5009.24　食品安全国家标准　食品中黄曲霉毒素 M 族的测定

GB 5009.238　食品安全国家标准　食品水分活度的测定

NY/T 2785　花生热风干燥技术规范

NY/T 3106　花生黄曲霉毒素检测抽样技术规程

5.3.1.3　术语和定义（下列术语和定义适用于本规范）

（1）气泡果（空气果）Blows（Pops）

由于生理、霉菌、昆虫或其他原因等多种损害引起的，重量轻的，可被空气分离加工等去除的带壳花生果。

（2）干制 Curing

带壳花生干燥至安全含水量。

（3）农家储存花生 Farmers stock

来自农场的用手工和/或机械方法从蔓上分离的带壳花生果。

（4）水分活度 Water activity（a_w）

表征产品中游离水含量，是物质的水蒸气压除以同一温度下纯水的蒸气压。

5.3.1.4 收获前

（1）应考虑影响花生荚和籽粒感染产黄曲霉毒素真菌和黄曲霉毒素产生的各种环境和农艺因素，宜轮作。选择肥沃、排灌方便、pH 值 6.0~7.0 的轻壤土或砂土地块。

（2）选择适合当地种植的、抗虫、抗真菌侵害的花生品种。尤其应选择雨季末成熟的品种。

（3）应保持种植品种最佳种植密度。易受黄曲霉毒素侵蚀的区域可免耕。

（4）应使用有效登记期内的除草剂或其他有效农艺和物理措施控制杂草。栽培期间仔细操作以防损害果针和花生荚。

（5）应选择有效登记期内的杀虫剂或杀菌剂将作物附近的昆虫伤害和真菌感染降至最低。花生作物上登记农药见中国农药信息官方网站 http：//www.chinapesticide.org.cn/hysj/index.jhtml。

（6）适时灌溉，避免发生干旱胁迫。尤其在生长期最后 4~6 周保证土壤水分充足。

5.3.1.5 收获

（1）应告知种植者花生黄曲霉毒素污染的危害及降低真菌和害虫风险的安全收获程序。对参与花生收获的人员进行卫生操作培训。

（2）确保收获和贮藏期间所有设备功能完好，并保存关键备用配件。

（3）适时收获，避免延迟或提前收获。宜在晴天收获，避开降雨、清晨或傍晚的水汽凝结等。

（4）收获时避免损害花生荚，将物理损害降至最低。死于害虫、病原体或病害的植株及灌溉区域外的花生植株，应单独收获。

（5）收获后，翻转枝蔓使花生荚离地到最上层，暴露于日光和风中尽快干燥。若辅助加热干制时，应避免过热而损害花生总体品质。

（6）选用将花生损害降至最低的干燥方式，将水分含量降至储存期间霉菌生长所需含量以下（通常小于 10%）。热风干燥方式按《花生热风干燥技术规范》（NY/T 2785—2015）的规定执行。

（7）清理和分选新收获花生，去除损害果和其他外来物质。可选用密度分离或气腿去除轻荚果，长眼筛去除未脱壳前的脱落花生仁等。

5.3.1.6　运输

（1）花生果收获或干燥后，应尽快转移至合适的储存或加工区域立即加工。

（2）从农田到干燥或干燥后的储存设施，收集和运输收获后花生的容器（如货车、卡车），使用和再使用前，应清洁、干燥、无昆虫、无可见真菌生长和任何污染物质。若必要，运输容器可用登记熏蒸剂或杀虫剂清洁并消毒。卸货时应清空运输容器内所有货物。

（3）应使用带盖或密封容器或防水油布托运花生，避免可导致花生上形成凝结水的温度波动。运输工具应清洁、干燥、防风雨、无侵染并密封防水，啮齿动物或害虫不能进入。

（4）农家储藏花生应筛选黄曲霉毒素污染并准确分离。无黄曲霉毒素的花生应与随后拟进行加工和清洁的黄曲霉毒素污染花生分离。

（5）使用防昆虫和啮齿类动物的容器或昆虫和啮齿类动物讨厌的允许使用的化学处理剂，以防运输期间花生受昆虫、小鸟和啮齿类动物侵袭。

（6）在保持容器和内装产品完整性的条件下储存和运输已加工花生。用防水或防损害的方式装载、承载和卸载花生。若气候条件需要，推荐用绝缘运载工具或冷藏车运输。

（7）从冷库或冷藏车卸载花生时，应防止水凝结。温暖湿润的气候条件下，暴露到外部环境前应调节 1~2 d 使花生达到环境温度。

5.3.1.7　黄曲霉毒素污染批次的隔离

质量分选可去除收获时呈现的大部分黄曲霉毒素。同一批次花生中黄曲霉毒素分布不均匀，应选用合适的抽样方案，全面调查研究花生中黄曲霉毒素的分布。应用相应的抽样和检验程序监控进出库房花生的黄曲霉毒素含量水平。花生抽样按《花生黄曲霉毒素检测抽样技术规程》（NY/T 3106—2017）的规定执行，黄曲霉毒素检测按《食品安全国家标准　食品中黄曲霉毒素 B 族和 G 族的测定》（GB 5009.22—2016）和《食品安

全国家标准　食品中黄曲霉毒素 M_1 和 B_1 的测定》（GB 5009.24—2010）的规定执行。

5.3.1.8　储藏

（1）花生储藏期是预防和减少黄曲霉毒素污染的关键阶段，应严防仓库中水凝结或渗漏。仓库应屋顶完好、双层墙壁和混凝土地面，并通风彻底以防花生返潮。储藏设施的结构应干燥、通风良好，能保护花生免受雨水、地下水渗漏、昆虫、啮齿类动物和小鸟侵害，并将温度波动降至最低。用白色油漆粉刷仓库屋顶以减少日光热负荷。在现有不完好屋顶上设计安装一个新屋顶、层间有气室的双层屋顶可有效控制仓库水凝结。

（2）仓库内整齐摆放，严禁堆放。应确保袋装花生清洁干燥并堆放于货架上，或在袋子与地板间加防渗水层。仓库可散发多余热量和湿气，减少仓库中易被昆虫侵袭的区域。

（3）储存期间应仔细控制随水分含量和温度变化的花生水分活度。适宜储藏温度 2~10℃，相对湿度低于 70%。在与周围条件相适应的尽可能低的温度下储藏。循环库区空气使花生通风，保持库区温度合适并均匀一致。花生水分活度的测定按《食品安全国家标准　食品水分活度测定》（GB 5009.238—2016）的规定执行。

（4）储存期间定期测量储藏花生的温度。温度上升可能表明微生物生长和/或昆虫侵袭。目视检查花生的霉菌生长迹象。分离明显被污染的花生，若可能，送检样本；分离时，降低剩余花生温度并通风。污染花生严禁用于食品和饲料生产。

（5）将储藏设施的昆虫和真菌水平降至最低。可使用合适的捕捉器、登记杀虫剂、杀菌剂或熏蒸剂。

（6）记录测量数据（如温度、水分、湿度）和常规操作的偏离和变化。

5.3.1.9　接收与脱壳

（1）脱壳工厂应监控接收花生质量并协助供货商消除不恰当操作。农家储藏花生供货商应遵循本规程内良好生产规范。

（2）应检查接收的农家储藏花生，了解每批次花生来源。

（3）应检查运输车辆。若车辆未密封，应有防水油布等覆盖物防雨水或其他形式的水。

（4）卸货过程中观察花生总体外观，若花生手感较湿，不应与散装仓库内的花生混合。装有花生的车辆在作出处理决定前应停在一侧。若可能，接收前，每批货取一个样本。

（5）拟进一步加工的花生，收购说明内应包括用相应分析方法和适当抽样方案得到的黄曲霉毒素最大含量。

（6）应丢弃有黄曲霉毒素污染风险的昆虫损害或霉菌生长迹象的花生。原料花生加工前，应明确黄曲霉毒素测定结果。不应接收不能通过有效分选设备将不可接收水平黄曲霉毒素减少至允许水平的花生原料。

（7）脱壳花生供货商应适当操作确保最终产品黄曲霉毒素含量在最大限量范围内。

（8）检查所有的脱壳花生、损害“气泡果”和低于规格等级的花生仁是否存在霉菌。若无表面可见霉菌，劈开花生仁检查是否有隐藏的霉菌生长。过多霉菌或类似黄曲霉的霉菌的花生批次应进行黄曲霉毒素化学检验，或拒绝接收本批次。

5.3.1.10　分选

（1）分选是去除缺陷仁的最后步骤。分选带上应光照充分，通过不超过一层厚的花生，以确保手工分选人员有效去除外来物质和缺陷仁的速度运行。

（2）应根据适用标准定期校准分选机，确保去除所有缺陷仁。

（3）分选应在漂烫和烘烤前后进行，以有效去除霉菌污染花生。当加工操作中有劈裂步骤时，应去除不劈裂果实。

（4）通过分选花生流和/或最终产品的定期黄曲霉毒素分析，检查分选方法是否有效。应经常进行检查，保证产品可完全接收。

（5）缺陷仁（发霉的、变色的、变质的、腐烂的、皱缩的、虫害或其他损害的）应单独装袋并标记为不适于人类消费。尽快从加工区域移走装有缺陷花生的容器。应移走有黄曲霉毒素污染风险的原料或已污染原料，用于非食品用途。

（6）分选过程中丢弃的花生应销毁或从可食产品中分离。分别装袋并标记为在当前状态下不适于人类直接消费。

5.3.1.11　漂烫

用于连接重力分选台和手工或电子分选机的漂烫可有效去除黄曲霉毒素污染的花生仁。结合漂烫的颜色分选可减少 90%的黄曲霉毒素污染。

5.3.1.12 成品包装

应包装于干净的黄麻袋子、纸箱或聚丙烯袋子内。若使用黄麻，确保袋子未用无机烃基润滑油处理。被移至受控储藏设施或运输前，所有袋子/纸箱应进行批次标识以便产品追踪。

5.3.2 预防和减少食用香料中霉菌毒素污染的通用规程

5.3.2.1 范围

本规程规定了食用香料收获前、收获、收获后干燥、干燥方式、加工、包装、储藏和运输等通用良好操作规程。

本规程适用于预防和减少食用香料中霉菌毒素污染的操作，适用于香辛料完整的、破碎的、磨碎的或混合的。不适用于草本香料植物。

5.3.2.2 规范性引用文件

下列文件中的内容通过文中的规范性引用而构成本文件必不可少的条款。其中，注日期的引用文件，仅该日期对应的版本适用于本文件；不注日期的引用文件，其最新版本（包括所有的修改单）适用于本文件。

GB 5009.238 食品安全国家标准食品水分活度的测定。

5.3.2.3 术语和定义

（1）食用香料 Edible spices

食品中用于调味、增色和增香的干制植株或植株部分（根、根茎、球茎、皮、花、果实和种子）。本术语适用于完整的、破碎的、磨碎的或混合的香料，也包括干制后收获的香料。

（2）源植物 Source plant

香料的来源植物（非干制）。

（3）水分活度 Water activity（a_w）

表征产品中游离水含量，是物质的水蒸气压除以同一温度下纯水的蒸气压。

5.3.2.4 收获前

（1）采用合适的良好农业规范减少产毒素真菌生长和侵染。适当轮作，避开已知是黄曲霉毒素寄主作物的周边，如玉米等。选择排水良好的地块，耕种过程中可使用登记的土壤杀真菌剂，最小化年累积的遗留腐烂物质。

(2) 香料作物上登记农药官方查询见 http：//www. chinapesticide. org. cn/hysj/index. jhtml。

(3) 播种时使用消毒杀菌种子，同时仔细选择播种时间以便在干燥的季节采收植株。

(4) 利用灌溉、施肥、修剪和病虫害防控等措施减少作物胁迫。使用适当的登记杀虫剂和其他操作最小化作物附近的可增强真菌侵染的虫害。若需要，应使用推荐杀虫剂最小化利于产毒真菌进入和生长的源植物损害。

(5) 宜使用堆肥改善土壤肥力并增加竞争性真菌；不宜使用未经处理的有机废弃物，严禁使用畜禽粪便做肥料，以防产毒真菌、人类病原体和食品腐败菌等繁殖，同时防止杂草种子和其他植物繁殖。

(6) 应避免喷灌花期香料植株的地上部分，同时尽量避免可引起田地里病害扩散的漫灌。

(7) 采用机械方法、使用合适的选择性登记除草剂或其他安全适宜的杂草根除措施控制香料作物周边杂草。

(8) 将病株和损害植株及其部分带出田园。

5.3.2.5　收获

(1) 香料在收获和干燥期易受田间产毒素真菌污染。分批收获，成熟后立即收获。宜在晴天收获，避开降雨、清晨或傍晚的水气凝结等。应检测收获的每批次产品的水分活度。水分活度的测定按 GB 5009.238—2016 的规定执行。

(2) 避免植物原料机械伤。收获期间可在植株下方的土壤表面覆盖一层塑料膜。不适用于根茎类香料。

(3) 移除受霉菌影响或污染的已掉落至地面的植株地上部。分别收集掉落地面的源植物，清洗、清洁、干燥并评估污染风险后放入主批次中。

(4) 应测量并记录每季采用的收获程序的关键点（如温度、水分和空气湿度等），以及推荐操作的偏离点和变化。严格遵守杀真菌剂标签上建议的安全间隔期。

5.3.2.6　收获后干燥

(1) 收获后立即干燥，不应长时间堆放或袋装。若干燥过程有雨，必要时在作物上覆盖一层塑料膜。干燥场地应远离尘土飞扬区域等污染源，最大限度暴露于阳光下并保持空气流通，避免背阴和低洼区域。

（2）应在混凝土表面进行干燥，有升高平台更好。尽量避免在塑料布或防水帆布上干燥，若使用塑料布和防水帆布，应定时并小心地移动香料。夜间用塑料布覆盖香料原料以防露水。

（3）若必要，干燥前在农场将收获产品分类，去除可见有机残骸和发霉产品。可用饮用水清洗，清洗前应分选去除有真菌侵染特征的新鲜原料。废弃物料应恰当处理，防止再污染洁净原料。

（4）应根据地区气候条件、干燥产品的成本和品质选择干燥场地地面。裸露土面不适用于多雨地区。在多雨潮湿地区，一旦表层干透，应覆盖并重新摊开香料。

（5）用易清洁且无污染的材料建造干燥区，应升高干燥区防止昆虫进入和水淹。略倾斜的混凝土台面可使水分流出，周边加围栏防止家畜、宠物和昆虫等接触正在干燥的源植物和香料原料。

（6）应根据干燥场地的有效利用面积和平均干燥时间确定收获时间和收获量，同时考虑天气情况。

（7）干燥过程可分为三个阶段。每个阶段都有机会改变产黄曲霉毒素和赭曲霉毒素 A（OTA）等的真菌生长：第一阶段，水分含量轻微减少，高水分含量（a_w>0.95），不适合产黄曲霉毒素和 OTA 真菌生长，但若收获后长时间保持高水分含量，其他亲水性真菌（酵母和霉菌）和细菌等会腐败损害产品；第二阶段，水分含量减少最多（0.95>a_w>0.80），非常适合产黄曲霉毒素和 OTA 真菌生长，应执行预警措施；第三阶段，与第一阶段、第二阶段相比更干燥，剩余水分含量轻微减少，a_w为 0.80，不利于产黄曲霉毒素和 OTA 真菌生长。

（8）应控制香料在干燥场地保留 5 d 或以下，水分活度 a_w<0.65。

（9）应对干燥场地的工人进行清晰实用的培训，会熟练操作水分测定设备。

（10）每年收获季前校验和校准水分测定设备。下个收获季前，在干净的仓库维修、清洁、保护和保存设备。

5.3.2.7 干燥方式

（1）自然晒干（较慢）

①不应在地面上直接晒干。确保晒干用具如（托盘、竹席或晒场等）洁净；严禁不卫生的原料（如牛粪等）堵住竹席孔。

②香料干燥过程中，摊 3~5 cm 薄层，若空气湿度低、空气流通好、阳光强度大，或在干燥地区可略厚些。将产品摊晾在防水帆布、塑料帆布、竹匾或麻垫上，用金属丝网或渔网覆盖后举高到桌面上，每天定时用耙子翻动干制原料 5~10 次。

③干燥区应升离地面以防水和昆虫进入。用托盘晒干时，将托盘离开地面一定距离置于架子上，使空气循环流通加快干燥。夜间可使用通风设备以防湿香料冷凝。

④现场仪器测定，定期监测干燥过程。在达到期望的完全干燥状态前 2~3 d，从每批次不同点采样，每日持续评估至达到期望水分活度。

⑤不应混合不同类型和不同收获日期的香料，每批次用特定标识标记香料类型和收获日期。

⑥保护干燥场地不受可引起干燥香料生物污染的动物侵袭。干燥期间检查是否有昆虫出现以防昆虫损害，若必要，在干燥场地使用完整的昆虫管理措施。

⑦有效利用防水帆布覆盖源植物（原料）以防雨淋。可侧面开洞防止冷凝水，干燥期间防止雨水、夜露和其他任何水汽。严防香料返潮。

⑧干燥区域设置通道避免在源植物上走动，以防损坏源植物导致霉菌生长。

（2）可控干燥（快速）

可使用热风干燥，通过热交换确保产品接触洁净空气、不接触燃料的烟熏味；或使用由阳光射线产生热空气的日光热交换器。推荐干燥温度 50~60℃，使香料降低至安全水分含量的干燥空间内相对湿度为 12%~14%（大多数地区是安全的）。

（3）熏干

在高约 5 m 的圆形或方形的陶土或砖块建造的干燥车间内进行。本方式用木材产烟且温度可控，缓慢、温和、无腐蚀性。10~15 d 内，果实水分含量从 80%降低至 15%，最终产品获得烟熏气味和风味，且色泽稳定。

5.3.2.8　加工

香料原料和源植物应尽快加工，干燥后（最后步骤）立即辐照或紫外线灯等方式杀菌，有效减少香料中真菌负荷。辐照可有效消除辣椒、香菜、孜然芹和胡椒中真菌，紫外线灯杀菌可减少或消除香料中产毒真菌孢子。

5.3.2.9 包装

（1）包装前，产品应干燥至安全水分含量。

（2）可在生长/收获区包装拟运输、储藏或出售的商品，应使用新的包装袋，以防潜在的微生物、物理和化学污染。应用有气孔黄麻袋或塑料编织袋等盛装源植物，严禁使用无气孔包装袋盛装已干燥产品。

（3）加工后，用真空等可防止水汽流入的包装技术，用可隔离水汽并能防止昆虫接触商品的包装材料尽快包装。包装商品应远离水汽和湿气。

（4）使用前检查包装容器确保状态满意，明确制造商，若必要，清洗或/并消毒。沥干水分干燥后使用。

（5）定期移除废弃的植物原料，避免害虫出现并聚集。

5.3.2.10 储藏

（1）盛装香料的包装袋应离开墙面 30 cm 以上，置于货架上储藏，防止与地面直接接触。内墙、地板表面、墙与地面连接处及墙连接处应用光滑、防水、不吸收、可清洗且无毒的材料制成。

（2）库房内储藏设施应干燥、通风良好，防雨淋、排表面水，可保持适宜的温湿度，温度波动最小化；远离人为活动或设施交通区域，防止啮齿动物和鸟类进入。不允许通过开放的窗户、门下方缺口或储藏围栏的缝隙渗水。

（3）香料出入库房时，严防雨淋。新鲜香料原料和源植物的适宜储藏温度为 5~8℃，源植物储藏的相对湿度应控制在 75%以下。香料水分活度（a_w）低于 0.65。冷藏时应防止冷凝水掉落在香料上。

（4）应使用不会导致气味和风味丧失或污染香料的物质清洁并消毒储藏设施。可使用允许剂量的登记杀真菌剂和杀虫剂。

（5）不应与其他食用货物（如水果、蔬菜、鱼等）及非食用货物（如煤油、润滑油等）一起储藏。

（6）用亚硫酸钠、臭氧或酸和碱等允许的化合物处理储藏香料，不宜使用氨水。

（7）测量并记录每季实施的储藏程序关键点（如温度、水分和空气湿度等）及与推荐操作的偏离点和变化。

5.3.2.11 运输

（1）香料盛装容器和运输设施（四轮车、货车等），使用和再使用前应清洁、干燥、无植株残留、昆虫和肉眼可见真菌生长物。防止交叉污染。

（2）若可行，宜采用通风完全的包装容器装运袋装香料。尤其从高湿度地区运输的产品，可用填充氯化钙的干燥剂包做添加保护剂，严禁损害干燥包并及时清除溢出物质。运输过程中应防止水分/湿气再进入，确保害虫和碎片不会穿透进入。长时间运输的产品，应监控温湿度。

（3）在农场未干燥至安全储藏水分含量的香料应立即运送至加工厂进行干燥。必要时，货车和容器可侧开口，通风并最小化冷凝，防止雨淋。

（4）根据收货凭证分离原料，防止清洁、清洗和加工阶段交叉污染。引入加工生产线前检查原料并分类。肉眼检查去除外来物质，分析检测毒枝菌素污染和霉味。

（5）定期检查，关门后从内侧检查是否有可见光的孔洞，确保货车覆盖良好，覆盖物无撕裂，货车下方无缝隙，严防公路上水分进入货车。

（6）盛装容器和运输工具中，包装袋与顶之间应留有足够空间。推荐利用鞍形方法，包装袋之间最小化边缘接触，最大化空气流通。

5.4　操作规程技术内容的确定依据

5.4.1　预防和减少花生中黄曲霉毒素污染的操作规程各章技术要求及关键点

预防和减少花生中黄曲霉毒素污染的操作规程各章技术要求及关键点主要来自起草单位以及相关科研院所研究人员的研究应用成果，各地相关农业农村主管部门的管理需求和产业需求、农业龙头企业、示范性合作社、家庭农场等规模生产主体的生产、种植经验，以及国家和农业农村部相关政策、法规等；同时参考了食品法典标准（CAC/RCP 55—2004 Code of practice for the prevention and reduction of Aflatoxin contamination in peanuts）。

（1）“范围”，适用于预防和减少花生中黄曲霉毒素污染的操作，各章条使用贯穿花生产业链的特定良好农业规范和良好储藏规范（GSPs）达到尽可能低的毒素水平，通过预防措施减少消费者暴露。

（2）规定了花生收获前、收获、运输、接收与脱壳、分选、储藏、成品包装、黄曲霉毒素污染批次的隔离等良好操作规程。该规程是一个指导性操作规程，着重强调了花生产业链中易操作、效果好的农业措施和物理措施，充分体现了现代农业生产中“绿色生产”和“预防为主”原则。

（3）现行标准体系有特定行业标准和地方标准等针对花生栽培技术规程等进行了详细规范。因此，各章条未涉及花生“种植栽培”环节的具体技术和要求。仅从花生收获前、收获、干燥、接收与脱壳、分选、储藏、成品包装、黄曲霉毒素污染批次的隔离环节进行了详细规定。

（4）本文件给出了“气泡果”“农家储存花生”和“水分活度”的定义。因干制食品中水分较低，我国现行国家标准中规定用“水分活度”来表示干制食品中的水，干制食品中的水与其保质期等直接相关，不用水分含量表示。现行标准有如《食品安全国家标准　食品水分活度的测定》（GB 5009.38—2016）、《粮油检验　粮食籽粒水分活度的测定》（GB/T 34790—2017）等。

（5）花生适宜微偏酸性土壤，pH 值 6.0~6.5。适宜花生根瘤菌繁育的 pH 值 5.8~6.2，适于花生吸收利用磷肥的 pH 值 5.5~7.0，pH 值 6.5 时最有效。花生属于耐酸作物，pH 值 3.42 的土壤花生仍可生长，但必须施用石灰等钙肥。花生不耐盐碱，在盐碱地就是发芽也易死苗，成长的植株矮小，产量低。花生是喜钙作物。

（6）种植品种的合理株距、行距、最佳种植密度应符合花生产业链标准综合体中栽培技术规程的规定。

（7）使用的杀菌剂、杀虫剂以及除草剂必须是我国在花生上已登记的农药种类，花生的登记农药种类繁多（中国农药信息网查询登记农药种类及用法），同时，宜尽量选用《绿色食品　农药使用准则》（NY/T 393—2020）内允许使用的农药清单中的农药种类。登记除草剂如精异丙甲草胺、精喹禾灵等；登记杀菌剂和杀虫剂如吡虫硫双威、代森锰锌、精甲霜灵、多菌灵、噻虫嗪等。

（8）应选择有效登记期内的杀虫剂或杀菌剂将作物附近的昆虫伤害和真菌感染降至最低。目前暂无可直接用于控制花生黄曲霉和随后的黄曲霉毒素污染的杀菌剂、合成杀菌剂或其他化学处理剂。

（9）播种时间的选择原则是，可避开多雨季节在干燥晴朗的季节里采收。严禁使用畜禽粪便做肥料，可有效控制杂草和产毒真菌繁殖。

（10）适时收获非常重要，成熟后立即收获，目的是确保产品质量并有助于防止过度成熟的霉菌生长和产生霉菌毒素。及时采收可最小化收获前的真菌生长。

（11）收获时，宜在晴天收获，避开降雨、清晨或傍晚的水汽凝结等，以防真菌繁殖和霉菌毒素形成。

（12）避免损害花生荚，将物理损害降至最低。花生收获后有机械伤等发生重压会伴随有生理和形态改变，随之会增加真菌污染的可能性。

（13）测量并记录每季采用的收获程序和储藏程序的关键点（如温度、水分和空气湿度等），以及推荐操作的偏离点和变化，目的是以便在特定的农事年解释说明真菌生长和霉菌毒素形成原因，并有助于将来避免类似错误。

（14）若干燥过程有雨，必要时在作物上覆盖一层塑料膜。干燥场地应远离尘土飞扬区域等污染源，最大限度暴露于阳光下并保持空气流通，目的是加快花生干燥过程。

（15）避免在塑料布或防水帆布上干燥，花生下的塑料布会聚集湿气，易促进真菌生长。

（16）产黄曲霉毒素的真菌能生长的水分活度范围（a_w 0.80～0.95），通常情况下，a_w最大值 0.65 足以保护花生免受真菌侵害。

（17）日间经常翻转花生可使其尽快干燥，降低真菌生长风险并有助于获得良好品质产品。

（18）热风可控干燥时，可通过热交换达到目的以确保洁净空气与产品接触。

（19）运输过程中应防止水分/湿气再进入，确保害虫和碎片不会穿透进入。长时间运输的产品，应监控温湿度。

5.4.2　预防和减少食用香料中霉菌毒素的通用规程各章技术要求及关键点

预防和减少食用香料中霉菌毒素的通用规程各章技术要求及关键点，主要来自起草单位以及相关科研院所研究人员的研究应用成果，各地相关农业农村主管部门的管理需求和产业需求、农业龙头企业、示范性合作社、家庭农场等规模生产主体的生产、种植经验，以及国家和农业农村部相关政策、法规等；同时参考了食品法典标准（CXC/RCP 78—2017 Code of practice for the prevention and reduction of mycotoxins in spices）。

（1）“范围”，适用于预防和减少食用香料中霉菌毒素污染的操作，适用于完整的、破碎的、磨碎的、或混合的香辛料，不适用于草本香料植物。各章条使用贯穿香料全食品链的特定良好农业规范和良好储藏规范（GSPs）达到尽可能低的毒素水平，通过预防措施减少消费者暴露。

（2）规定了食用香料这一大类产品的收获、加工、运输、储藏、包装和霉菌毒素污染批次的隔离等通用良好操作规程。该规程是一个指导性通用操作规程，着重强调了食用香料产业链中易操作、效果好的农业措施和物理措施，充分体现了现代农业生产中“绿色生产”和“预防为主”原则。

（3）因每种香料的种植技术差异较大，现行标准体系有特定行业标准和地方标准等针对具体种类的香料栽培技术规程等进行了详细规范，如八角、花椒、小茴香等。因此，本文件章条未涉及食用香料“种植栽培”环节的具体技术和要求。仅从产品成熟后的收获、干燥、储藏、运输和包装等通用环节进行了详细规定。

（4）本文件给出了“食用香料”“源植物”和“水分活度”的定义。因干制食品中水分较低，我国现行国家标准中规定用“水分活度”来表示干制食品中的水，干制食品中的水与其保质期等直接相关，不用水分含量表示。现行标准有如：《食品安全国家标准　食品水分活度的测定》（GB 5009.38—2016）、《粮油检验　粮食籽粒水分活度的测定》（GB/T 34790—2017）等。

（5）香料在干燥或收获期易受田间产毒素真菌污染，适当轮作、最小化年累积的遗留腐烂物质、并在种植过程中使用土壤杀真菌剂，将病株和损害植株及其部分带出田园，均可降低产真菌毒素接种体负载。

（6）使用的杀菌剂和杀虫剂必须是我国在该作物上已登记的农药种类。

（7）仅强调了应根据香料种类仔细确定播种时间和种子消毒，未给出具体播种时间和消毒方法，没法具体化，应根据香料种类实施，建议参考具体香料种类的生产技术规程标准。使用消毒种子目的是预防霉菌和害虫，播种时间的选择原则是，可避开多雨季节，在干燥晴朗的季节里采收香料植株。

（8）严禁使用畜禽粪便做肥料，可有效控制杂草和产毒真菌繁殖。

（9）喷灌花期香料的地上植株会增加孢子正常扩散速率和源植物感染产毒真菌的概率。因此避免该操作。

（10）收获时，尽可能避免收获高水分含量作物（如降雨、晨露或傍晚水汽凝结等），以防真菌繁殖和霉菌毒素形成。

（11）作物收获后有机械伤等发生重压会伴随有生理和形态改变，随之会增加真菌污染的可能性。收获期间在植株下方的土壤表面覆盖一层塑料膜，目的是防止泥土污染商品，预防收获前已掉落地面的有霉菌的植株部分混入。

（12）成熟后立即收获，目的是确保产品质量并有助于防止过度成熟作物的霉菌生长和产生霉菌毒素。及时采收可最小化收获前的真菌生长。

（13）测量并记录每季采用的收获程序和储藏程序的关键点（如温度、水分和空气湿度等），以及推荐操作的偏离点和变化，目的是以便在特定的农事年解释说明真菌生长和霉菌毒素形成原因，并有助于将来避免类似错误。

（14）若干燥过程有雨，必要时在作物上覆盖一层塑料膜。干燥场地应远离尘土飞扬区域等污染源，最大限度暴露于阳光下并保持空气流通，目的是加快香料干燥过程。

（15）农场将收获的产品分类，用饮用水清洗前应分选去除有真菌侵染特征的新鲜原料，以防污染整批产品。

（16）避免在塑料布或防水帆布上干燥，若使用塑料布和防水帆布，应定时并小心地移动香料。香料层下的塑料布会聚集湿气，易促进真菌生长。

（17）产黄曲霉毒素和赭曲霉毒素 A 的真菌能生长的水分活度范围（a_w 0.80~0.95），通常情况下，a_w最大值 0.65 足以保护香料免受真菌侵害。在干燥场地保留 5 d 或以下，足以有效地防止黄曲霉毒素和赭曲霉毒素 A 的富集积累。

（18）第一阶段，水分含量轻微减少，高水分含量（a_w>0.95）不适合产黄曲霉毒素和赭曲霉毒素 A 的真菌生长。然而，若收获后长时间保持高水分含量（a_w>0.95），其他微生物如亲水性真菌（酵母和霉菌）和细菌会腐败损害产品；第二阶段，水分含量减少最多，本阶段（0.95>a_w>0.80）很适合产黄曲霉毒素和赭曲霉毒素 A 的真菌生长，应执行预警措施；第三阶段，与前两个阶段相比更干燥，剩余水分含量轻微减少，a_w

为0.80，不利于产黄曲霉毒素和赭曲霉毒素A的真菌生长。

（19）干燥过程中若已知之前使用过程中的托盘、竹席或晒场的霉菌孢子会重复污染产品时，应确保这些用具洁净。

（20）日间经常翻转香料层可使其尽快干燥，降低真菌生长风险并有助于获得良好品质产品。

（21）覆盖源植物（原料）的防水帆布，可侧面开洞增加通气性，防止冷凝水。同时严防香料返潮，以防真菌毒素快速繁殖并可能产生黄曲霉毒素和赭曲霉毒素A产物。

（22）热风可控干燥时，可通过热交换达到目的以确保洁净空气与产品接触。

（23）熏干方式缓慢、温和、无腐蚀性，10～15 d内，果实水分含量从80%降低至15%。最终产品获得烟熏气味和风味，且色泽稳定。

（24）减少香料中真菌生长的加工过程（辐照），可有效消除辣椒、香菜、孜然芹和胡椒中真菌。此外，其他处理如UV等，可减少或消除香料中产毒真菌孢子。

（25）包装前，产品应干燥至安全水分含量，防止真菌孢子萌芽或生长。选用合适的包装材料可防止昆虫接触商品，并限制霉菌生长。

（26）盛装香料的粗麻袋应离开墙面30 cm以上，置于货架上储藏，以防水分通过墙面渗入导致产品变湿。包装袋应置于托盘架上，因天花板和墙面可能会导致水汽凝结。

（27）用亚硫酸钠、臭氧或酸和碱等允许的化合物处理储藏香料，以控制其真菌生长和毒枝菌素生物合成。不推荐使用氨水等碱处理，以防影响香料芳香味。

（28）运输过程中应防止水分/湿气再进入，确保害虫和碎片不会穿透进入。长时间运输的产品，应监控温湿度，若包装袋变湿，香料会迅速吸收水分导致水分含量升高。

（29）从高湿度地区运输的产品，可用填充氯化钙的干燥剂包做添加保护剂，可吸收其自身重量约100%的水分。

第 6 章 农产品中真菌毒素检测、风险评估及绿色防控技术发展的对策建议

食品中的真菌毒素污染是全球食品安全和公共卫生的主要问题。农产品中可能产生的真菌毒素种类繁多，结构复杂，潜在危害性巨大，且在农作物生长、产品储藏、运输、加工的各个环节都可能受到真菌毒素的污染，作物除了对谷物自身产生损伤（如外观与品质劣化、抗病能力减弱、营养流失等），更重要的是以食物和饲料为载体对人类和禽畜动物产生危害[1]。尽管前文已系统探讨了真菌毒素检测技术、量化评估模型及绿色阻控策略，但现有防控体系仍面临快速检测灵敏度不足、田间溯源机制不健全、绿色消解技术规模化应用受限等瓶颈问题。本章旨在提出具有可行性、前沿性的对策建议，有效监测、评估、防控农产品中真菌毒素的污染。

6.1 农产品中真菌毒素检测技术发展的对策建议

传统真菌毒素检测方法，如与质谱联用的色谱法［高效液相色谱法（HPLC）、气相色谱－质谱联用法（GC－MS）、液相色谱－质谱联用法（LC－MS）］、酶联免疫吸附测定（ELISA）等，因其良好的灵敏度和模式识别标准而广为人知；然而，这些方法价格昂贵、耗时且依赖酶反应，还需要专门培训的人员来操作，而且这些方法的样品制备步骤复杂，涉及提取、纯化和分析等环节。此外，这种检测模式需要使用高档设备和耗材，在资源有限的环境中超出了成本承受能力，而且在食品生产链中还需要定期监测[2]。因此，针对真菌毒素检测技术的改进与优化工作至关重要。

6.1.1 优化现有检测技术

随着纳米技术的快速发展，检测技术的性能显著提升已成为可能。纳米材料是指至少在一个维度上尺寸<100 nm 的无机或有机物质。研究表明，多种纳米材料能有效优化传统检测方法，一方面，纳米材料可以对样品前处理的富集进行优化，磁性纳米颗粒（MNPs）（如 Fe_3O_4 NPs）用于 HPLC/LC-MS/MS 前的毒素提取，显著提升回收率；分子印迹纳米聚合物（MIPs），选择性吸附目标毒素，减少基质干扰。另一方面，纳米材料（如石墨烯氧化物、MOFs）修饰 HPLC 色谱柱，改善分离效率，金纳米颗粒（Au NPs）还可增强 ELISA 的显色信号，使其灵敏度提升 5~10 倍。此外纳米材料可以作为传感技术的核心组件，显著提高真菌毒素检测的灵敏度、准确性和检测速度，借助纳米材料对传统检测方法进行优化的同时，需注意以下两点。

①必须评估纳米材料的安全性和使用性。出于对食品安全考虑，纳米材料对健康的未知影响可能会限制其使用。用于控制霉菌毒素的纳米材料可能会通过接触转移到食物中。纳米材料的安全性和适用性必须在商业化之前使用适用的模型或方法进行评估。

②挖掘更多具有新特性和多功能性的创新纳米材料。可以通过混合具有不同特性的纳米粒（NP）来制造多功能复合纳米材料。这些 NP 可能会实现更丰富的检测与控制策略，也许还可以实现实体集成。纳米材料可用于检测、去除和解毒，减少资金与时间投入，提高检测效果，并监测解毒过程。

6.1.2 开发与应用前沿检测技术

由于传统的检测方法无法满足日益增长的对更快检测速度、更高精度及可靠性的多毒素检测的需求，因此引入了电化学生物传感器等新型检测技术，统称为新兴真菌毒素检测技术（EMDTs）[3]。这些技术利用先进的光谱学、代谢组学和传感器技术原理，提升检测能力并克服传统方法的局限性。EMDTs 可实现实时检测、高精度定量及快速响应，对保障农产品供应链各环节的安全性至关重要。例如电化学生物传感器、定量核磁共振（NMR）、纳米技术、成像光谱及各类组学技术，有望拓展真菌毒素检测范围，适应复杂食品基质及混合污染。

6.1.3 完善参考物质体系

为了满足科学和工业测量领域日益增长的标准化需求，参考物质（Reference Materials，RMs）已成为确保准确性、一致性和可靠性的关键概念。RMs 被定义为具有足够均匀性和稳定性的高度表征物质，RMs 在确保化学分析以及用于检测各种真菌毒素和其他污染物的分析仪器的可靠性、准确性和可比性方面发挥着至关重要的作用。RMs 的可用性对于方法开发、验证、仪器校准、质量保证和控制是必不可少的。对于真菌毒素和其他食源性毒素，准确的 RMs 不仅可以提高分析仪器精度和分析结果准确性，还可以确保毒素检测遵守国际标准，增强人民群众对农产品安全的信心和信任[4]。

为实现参考物质 RMs 与真菌毒素检测领域的突破性发展，亟须推进重大技术创新与战略转型。当前首要任务是建立涵盖新兴及低关注度霉菌毒素的扩展型参考物质库，覆盖各类农产品基质。

目前参考物质的研发主要由私营机构主导，政府支持力度有限，这导致资金投入不足且难以规模化生产。为弥补这一缺口，必须推动参考物质生产从单纯科研活动向高价值商业行为转变。该战略视角不仅能扩大产能、确保全球可及性，还将打破参考物质利用率低的恶性循环，从而在提升食品安全与国际标准的同时，创造新的经济增长点。

6.1.4 使用人工智能检测食品中的霉菌毒素污染

近年来，人工智能（AI）领域发展迅速，已成为变革科学研究领域的有力竞争者，如脑电图（EEG）分析、肿瘤检测、真菌鉴定[5]以及生物膜检测与鉴定[6]，为提高食品安全提供了新的可能性，通过先进的人工智能技术可以更好地识别和追踪人类食品中的真菌毒素[7-9]，人工智能（AI）技术如机器学习（ML）和深度学习（DL），在各类食品中识别和定量真菌毒素的使用范围正在不断扩大。在过去的十年中，不同的 AI 技术，包括支持向量机（SVM）、人工神经网络（ANN）和深度卷积神经网络（DCNN）等机器学习算法已经在多种作物（如花生、小麦、玉米、水稻和大麦等）中以很高的准确性和效率检测出真菌毒素[10-12]，其中包括黄曲霉毒素、脱氧雪腐镰刀菌烯醇和伏马毒素。先进高光谱成像、气味扫描仪和生物传感器与深度 AI 模型的结合，大大提高了检测技术的性能[13-14]。尽管取得了这些进展，但仍存在一些问题。需要持续关注的关键性问题包括数据质量和变异性；对大型、标注数据集的需求；以及 AI 模型在不同环境和食品基质中的通用性。此外，某些 AI 算法的计算复杂性和资源需求可能限制了其在资源受限环境中的实际应用。AI 的持续发展及其应用有望提高真菌毒素检测的准确性、速度和成本效益，从而改善食品安全和公共卫生结果。随着这一领域的发展，监管机构、行业利益相关者和学术界必须携手合作，以充分发挥人工智能的潜力，并确保食品产品的安全和质量。以下是针对这些问题拟定的改进策略与方向[15]。

①未来研究应通过创建更具弹性和灵活性的 AI 模型、改进数据收集技术和研究 AI 与新技术的集成来解决这些问题。实时 AI 监测系统可以提高食品安全性。附加在物联网传感器上的 AI 算法可用于早期检测真菌毒素污染。机器学习算法可以根据过去和当前的数据预测污染事件，进而推动食品安全向主动防控模式转变。

②未来研究可能会改善适用于低资源环境的 AI 系统，可以开发轻量级、低功耗的移动 AI 模型或低成本的真菌毒素传感器。

③未来可以开发 AI 算法来识别和区分各种真菌毒素。现有模型多针对单一毒素检测，而建立能同时鉴定并定量多种毒素的综合分析系统，将有助于更全面地评估污染程度及追溯污染源。

④AI 技术的应用能显著提升模型可解释性，从而增强霉菌毒素检测系统的可信度和应用价值。后续研究可重点开发决策支持系统，其不仅能输出检测结果，更能解释模型预测依据及其生物学意义。这类系统的推广应用将有效提升食品安全管理水平、辅助监管合规决策，并为风险管理提供科学依据。

⑤AI 和区块链技术的使用可以提高食品供应链的透明度。区块链技术可以不变地记录 AI 系统的数据和选择，使真菌毒素检测和管理可审计。未来研究可能会结合区块链和 AI 驱动的检测技术，以建立安全、透明的食品安全网络。

⑥跨学科的 AI 研究可能包括微生物学、农学和食品科学。AI 研究人员和领域专家合作可以开发新的解决方案，以更好地理解真菌毒素、环境条件和食品产品。

6.1.5　加强专业人才培养与合作交流

6.1.5.1　注重跨学科人才培养

鉴于真菌毒素检测涉及食品科学、化学分析、生物技术、仪器科学、人工智能等多学科领域，高校与科研机构应加强跨学科专业设置与人才培养。开设相关交叉学科课程，培养具备扎实专业基础与创新思维的复合型人才，满足真菌毒素检测技术研发与应用的人才需求。

6.1.5.2　促进产学研合作交流

鼓励高校、科研机构与企业之间开展紧密的产学研合作。搭建合作平台，促进科研成果的转化与应用，加速新型检测技术的产业化进程。同时，积极开展国际合作与交流，引进国外先进检测技术和理念，提升我国农产品真菌毒素检测技术水平在国际上的竞争力。

6.2　风险评估对策建议

6.2.1　明确评估对象与范围

全面考虑农产品中各类真菌毒素，包括新型的以及低关注的霉菌毒素，明确不同农产品基质中毒素的种类、污染水平以及分布特征等。

6.2.2　细化评估流程

规范风险评估的各个环节，包括危害识别、危害描述、暴露评估和风险描述。在危害识别阶段，充分收集真菌毒素的毒性数据和相关研究；在危害描述阶段，确定真菌毒素的剂量反应关系；在暴露评估阶段，准确评估不同人群对真菌毒素的摄入水平；在风险描述阶段，综合分析评估结果，明确风险程度。

6.2.3　除了对单一毒素进行风险评估，还要充分评估多种毒素混合污染带来的累积暴露健康风险需予以关注

在基于监测其污染特征的基础上，尚需对真菌毒素的联合作用模式及作用机制开展研究[16]。

6.2.4 建立数据库

收集国内外农产品中真菌毒素的检测数据，填补真菌毒素限量标准空白，收集人群消费数据、毒理学数据等，构建系统、全面的数据库，为风险评估提供数据支持。

6.2.5 充分重视环境因素（如空气温度、土壤湿度等）的影响[17]

通过加强环境监测、数据收集与分析，对农作物在生产、储藏、运输、加工过程中产生的真菌毒素进行动态评估[18]，深入研究环境条件与真菌毒素生成的关系，并将环境因素纳入风险评估模型。

6.2.6 对于构建膳食风险评估模型应基于评估目标、数据质量和资源可用性

确定性模型适用于初步评估，而概率性模型则能提供更精确、更符合实际的风险估计，尤其适用于复杂的长期评估。

6.2.7 采用准确、灵敏的检测方法有效分析和控制霉菌毒素污染

配备与开发先进的检测设备，培养专业的检测人员，提高实验室的检测水平和质量控制能力，确保检测结果的可靠性，提高真菌毒素风险评估的准确性。

6.2.8 深入探究真菌毒素的作用机制

对环境与人类健康的影响进行细致解析，以此为基础构建更为精准、全面的风险评估体系，为有效防控真菌毒素相关风险提供科学依据。

6.3 绿色防控技术发展的对策建议

绿色防控技术是指通过环境友好、可持续的手段，在真菌毒素污染的全链条（田间生产、仓储、加工）中，减少或替代化学农药/杀菌剂的使用，同时有效控制毒素污染，保障农产品质量和生态安全的技术体系。其核心特征包括低残留、低抗性风险、资源循环利用。

6.3.1　加强抗性育种

同一作物不同品种对真菌抗性及毒素控制存在显著差异，主要由基因型决定[19-21]。例如，玉米赤霉病（FHB）由镰刀菌感染引发，植株伤口（常由昆虫造成）会加剧感染，因此兼具抗真菌感染和抗虫特性的育种至关重要[22]。然而，抗毒素性状受环境限制显著，遗传力较低，且抗性杂交育种进展滞后于学术研究。因此，在分子等水平上提高农作物对真菌毒素的抗性以及田间应用的研究至关重要。

6.3.2　改进预测模型

信息技术推动了田间真菌毒素区域预测模型的发展。然而，与成熟的作物病害预测模型相比，真菌毒素发生模型因精度不足仍处于起步阶段[23]。毒素发生与气候、生物因子间的动态关系尚不明确，未来应加大对克服模型系统高不确定性的系统研究[24]。

6.3.3　充分利用生态防控技术

深入研究农田生态系统中真菌毒素产生的生态学规律，通过优化种植制度、轮作休耕、间作套种等方式，改善土壤结构和微生态环境，减少病原菌的滋生和传播[25]。推广实施“精准水肥—智能播种”集成系统，开发土壤传感器对土壤含水量等进行实时监测，同时加强对害虫等传播媒介的绿色防控，如通过信息素诱捕器对昆虫进行诱杀，降低真菌感染的风险。

6.3.4　开发生物防治技术

一方面一些微生物可以通过改变其物理和化学特性，将霉菌毒素转化为毒性较低或无毒的衍生物。木霉菌已证实能够有效降解多种真菌毒素，未来我们应进行多样化的生态环境采样，加强高效木霉菌株的筛选与鉴定；分析木霉菌与真菌毒素的作用机制，同时对真菌毒素降解产物的结构与毒性进行检测；开发发挥作用的木霉菌的次级代谢产物，制备生物酶制剂，实现对真菌毒素的生物转化。另一方面微生物及其代谢产物干预霉菌生长从而提高食品储藏的安全性。拮抗微生物能够在食品表面形成优势菌群，与霉菌竞争营养和附着位点，抑制其生长，因此首先需要对所用微生物进行拮抗性评估，选择对霉菌有强拮抗性的微生物，如乳酸菌、酵母菌、芽孢杆菌等，确保其能有效抑制目标霉菌生长；其次应注意安全性考量，所选微生物及代谢产物需安全无害，符合食品安全标准，不会引发疾病或产生毒素；最后应分析拮抗微生物需适应食品储藏环境，包括温度、湿度、pH 值和营养条件等，以确保良好生长和拮抗作用。

6.3.5 应用物理防控技术

研发和改进高效的物理防控设备和方法，如新型的粮食干燥设备、精确的温湿度控制系统、紫外线杀菌装置等，用于农产品的收获后处理和储存，有效抑制真菌生长和毒素合成。

6.3.6 加强对真菌毒素的检测

对农产品种植、收获、储藏、加工等各个过程进行真菌毒素的动态检测，不断优化现有检测技术，开发与应用前沿检测方法，利用人工智能、合成生物学、纳米技术等先进手段将深度融合，实现食品储藏过程中污染监测、环境调控与风险评估的智能化管理。

6.3.7 改进辐射技术对真菌毒素的降解

辐射技术是一种无污染、低能耗的非热加工处理技术，对谷物等农产品中真菌毒素具有良好的降解效果，但目前在其应用上还存在一些限制，应重点关注辐射处理对农产品带来的负面营养变化[26]与风味改变[27]。同时深入研究辐射降解真菌毒素的机理、降解产物及其毒性研究，使辐射技术广泛应用于真菌毒素污染的防治。

6.3.8 改进农产品包装技术

包装技术在食品储藏过程中影响真菌毒素的二次污染风险。通过材料优化与环境调控改进农产品的包装方案，理想的包装材料应集成传感、抑菌、调控功能，在食品储藏过程中提供精准的环境调节能力与真菌毒素检测能力，构建适应不同食品存储需求的防护体系。

6.3.9 优化储藏设施

构建智能储藏系统，实时监测温湿度、气体成分及微生物动态，并结合环境反馈模型，动态调整储藏参数，同时，储藏环境采用分区管理，建立独立微环境，使不同食品储藏条件最优化，并减少交叉污染风险[28]。

6.3.10 建立科学风险监督体系

政府与相关部门应完善农产品中真菌毒素污染相关的法律法规，制定明确、全面、严格的限量标准与科学的检测方法。监管部门应加大对农产品生产的各个环节的风险检测与管控力度，建立完善的检测体系和追溯机制[29]，同时，针对违规行为应加大处罚力度，提高违法成本，发挥强有力的震慑作用[30]。

参考文献

[1] 廖子龙，于英威，唐坤，等. 农作物中真菌毒素研究进展 [J]. 粮油仓储科技通讯，2019，35 (2)：47-49，56.

[2] Laura A，Cristina G，Claudio B. Mycotoxin detection，Current Opinion in Biotechnology [J]. 2016，37，120-126.

[3] Mohamed N P，Debasish M，Sharfuddin M，et al. Nanotechnology-based approaches for mycotoxin detection in food and feed [J]. Journal of Food Safety，2024，44 (4)：e13155.

[4] Tangni E K，Debongnie P，Huybrechts B，et al. Towards the development of innovative multi-mycotoxin reference materials as promising metrological tool for emerging and regulated mycotoxin analyses. [J]. Mycotoxin research，2017，33 (1)：15-24.

[5] Jinghong W，Rui Z，Yehang W，et al. Dynamic surface-enhanced Raman spectroscopy and positively charged probes for rapid detection and accurate identification of fungal spores in infected apples via deep learning methods [J]. Food Control，2024，1：157.

[6] Mishra A，Tabassum N，Aggarwal A，et al. Artificial Intelligence-Driven Analysis of Antimicrobial-Resistant and Biofilm-Forming Pathogens on Biotic and Abiotic Surfaces [J]. Antibiotics，2024，13 (8)：788.

[7] Liu Z，Le D，Zhang T，et al. Detection of apple moldy core

disease by fusing vibration and Vis/NIR spectroscopy data with dual-input MLP-Transformer [J]. Journal of Food Engineering, 2024, 382: 112219.

[8] Siripatrawan U, Makino Y. Assessment of food safety risk using machine learning - assisted hyperspectral imaging: Classification of fungal contamination levels in rice grain [J]. Microbial Risk Analysis, 2024, 27: 28.

[9] Zhao G, Zhao Q, Webber H, et al. Integrating machine learning and change detection for enhanced crop disease forecasting in rice farming: A multi-regional study [J]. European Journal of Agronomy, 2024, 160: 127317.

[10] Marconato J S, Roberto G O D F, Dantas A M D, et al. Fungal identification in peanuts seeds through multispectral images: Technological advances to enhance sanitary quality [J]. Frontiers in Plant Science, 2023, 141: 112916.

[11] Qiu R, Yang C, Moghimi A, et al. Detection of Fusarium Head Blight in Wheat Using a Deep Neural Network and Color Imaging [J]. Remote Sensing, 2019, 11 (22): 2658.

[12] Ke S, Zhengjie W, Kang T, et al. Recognition ofmould colony on unhulled paddy based on computer vision using conventional machine-learning and deep learning techniques. [J]. Scientific reports, 2016, 6 (1): 37994.

[13] Gu S, Wang J, Wang Y. Early discrimination and growth tracking of *Aspergillus* spp. contamination in rice kernels using electronic nose [J]. Food Chemistry, 2019, 292: 325-335.

[14] Dong Y, Junyi J, Yu J, et al. Detection of the moldy status of the stored maize kernels using hyperspectral imaging and deep learning algorithms [J]. International Journal of Food Properties, 2022, 25 (1): 170-186.

[15] Aggarwal A, Mishra A, Tabassum N, et al. Detection of mycotoxin contamination in foods using artificial intelligence: A review [J]. Foods, 2024, 13 (20): 3339.

[16] 周颖颖，谢思哲，宁钧宇，等. 镰刀菌毒素联合毒性特征及累积风险评估研究进展 [J]. 毒理学杂志，2024，38（06）：467-476.

[17] Tanya F，Sarina C，Mark M. Aflatoxins in the soil ecosystem：an overview of its occurrence，fate，effects and future perspectives [J]. Mycotoxin research，2020，36（3）：303-309.

[18] Xuanjun Z，Liang Z，Ting Z，et al. Fungal flora and mycotoxin contamination in tea：Current status，detection methods and dietary risk assessment-A comprehensive review [J]. Trends in Food Science & Technology，2022，127：207-220.

[19] Brandwagt B F，Mesbah L A，Takken F L，et al. A longevity assurance gene homolog of tomato mediates resistance to Alternaria alternata f. sp. lycopersici toxins and fumonisin B_1 [J]. Proceedings of the National Academy of Sciences of the United States of America，2000，97（9）：4961-4966.

[20] Miedaner T，Reinbrecht C，Lauber U，et al. Effects of genotype and genotype—environment interaction on deoxynivalenol accumulation and resistance to Fusarium head blight in rye，triticale，and wheat [J]. Plant Breeding，2001，120（2）：97-105.

[21] Xiquan G，Won-Bo S，Cornelia G，et al. Disruption of a maize 9-lipoxygenase results in increased resistance to fungal pathogens and reduced levels of contamination with mycotoxin fumonisin [J]. Molecular plant-microbe interactions：MPMI，2007，20（8）：922-933.

[22] Ákos M，Marc L，Lana M. Reid. Breeding for resistance to ear rots caused by *Fusarium* spp. in maize-a review [J]. Plant Breeding，2012，131（1）：1-19.

[23] David J M. Mycotoxins in small grains and maize：old problems，new challenges [J]. Food additives & contaminants：analysis，surveillance，evaluation，control，2008，25（2）：219-230.

[24] Magan N，Medina A，Aldred D. Possible climate-change effects on mycotoxin contamination of food crops pre-and postharvest [J].

Plant Pathology, 2011, 60 (1): 150-163.

[25] Peng W, Marchal J, Poel D V A. Strategies to prevent and reduce mycotoxins for compound feed manufacturing [J]. Animal Feed Science and Technology, 2018, 237: 129-153.

[26] Ghanem I, Orfi M, Shamma M. Effect of gamma radiation on the inactivation of aflatoxin B_1 in food and feed crops. [J]. Brazilian journal of microbiology, 2008, 39 (4): 787-791.

[27] D" Ovidio K L, Trucksess M W, Devries J W, et al. Effects of irradiation on fungi and fumonisin B (1) in corn, and of microwave-popping on fumonisins in popcorn [J]. Food additives and contaminants, 2007, 24 (7): 735-743.

[28] 宋洪春. 食品贮藏过程中的真菌毒素控制与防护技术探析 [J]. 食品安全导刊, 2025 (10): 109-111.

[29] 朱燕, 姚香澳, 宫智勇. 稻谷中真菌毒素的暴露污染、检测技术及防控研究进展 [J]. 食品安全质量检测学报, 2024, 15 (15): 264-274.

[30] 程玲云, 胡明燕, 高牡丹, 等. 小麦粉真菌毒素污染、国内外限量标准与防控研究进展 [J]. 食品安全质量检测学报, 2025, 16 (7): 38-44.

附　图

附图4-1　高水分下（29%）精油添加对存储玉米的抑菌效果

附图4-2　不同含水量下精油抑菌对玉米籽粒色泽的影响

a. 籽粒含水量15%～17%，精油浓度100 mg/kg；b. 籽粒含水量22%，精油浓度500 mg/kg；c. 籽粒含水量29%，精油浓度500 mg/kg；d. 籽粒含水量15%和30%，精油浓度800 mg/kg；e. 籽粒含水量30%，精油浓度800 mg/kg的籽粒剖面图。

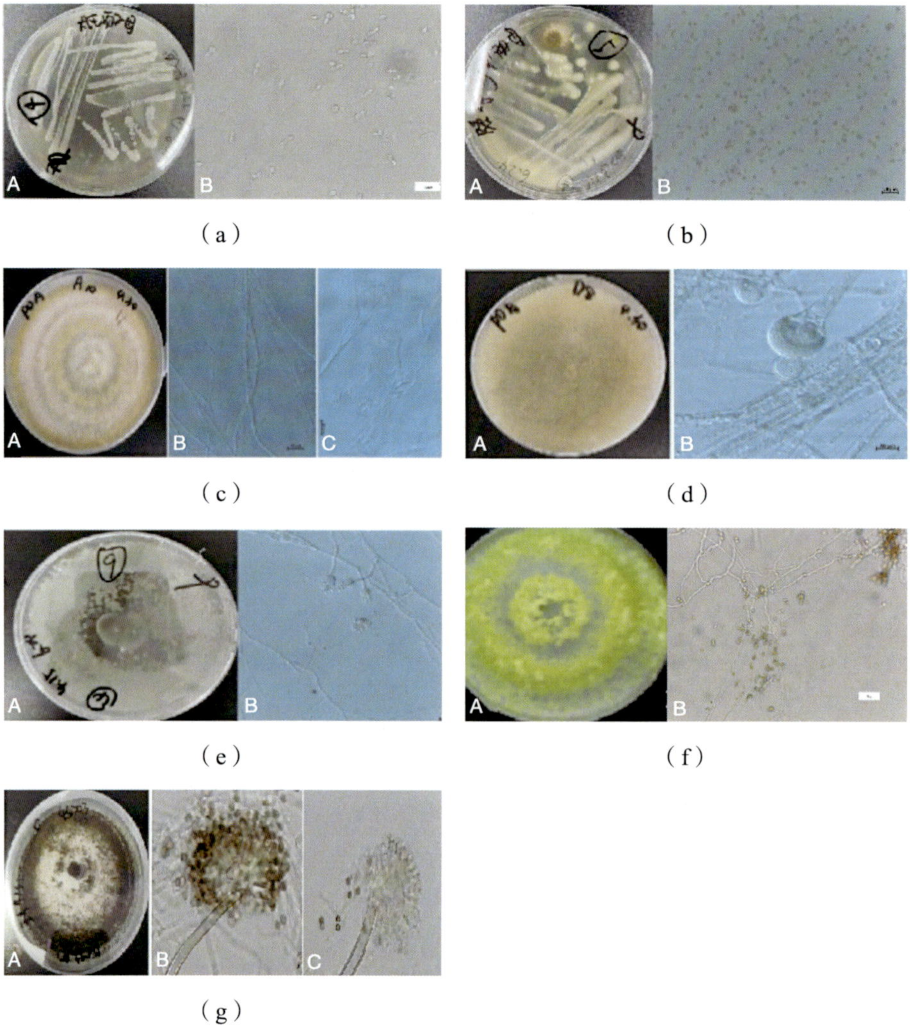

附图4-3　玉米主要优势真菌菌落及显微形态

（a）卡利比克迈耶氏酵母；（b）浅黄隐球酵母；（c）镰刀菌；（d）毛霉；（e）青霉；（f）哈茨木霉；（g）黑曲霉。A，菌落形态图；B或C，40倍镜下显微形态图。

1#上（左）1#下（右）

2#上（左）2#下（右）

附图4-4 储藏5个月取样玉米籽粒表观形态

附图4-5　储藏6个月的玉米籽粒